萧山区
耕地地力评价与管理

XIAOSHANQU GENGDI DILI PINGJIA YU GUANLI

应金耀　周华萍　主编

U0306433

 中国农业科学技术出版社

图书在版编目（CIP）数据

萧山区耕地地力评价与管理 / 应金耀，周华萍主编. --北京：中国
农业科学技术出版社，2023.4

ISBN 978-7-5116-6253-8

I.①萧…　II.①应…②周…　III.①耕作土壤－土壤肥力－土
壤调查－萧山区②耕作土壤－土壤评价－萧山区　IV.①S159.255.4
②S158.2

中国国家版本馆CIP数据核字（2023）第063933号

责任编辑	闫庆健
责任校对	贾若妍　李向荣
责任印制	姜义伟　王思文

出 版 者　中国农业科学技术出版社
　　　　　北京市中关村南大街12号　　邮编：100081
电　　话　（010）82106632（编辑室）（010）82109704（发行部）
　　　　　（010）82109709（读者服务部）
网　　址　https:// castp.caas.cn
技术策划　冯智慧
经 销 者　各地新华书店
印 刷 者　北京建宏印刷有限公司
开　　本　170 mm×240 mm　1/16
印　　张　10.75　彩插12面
字　　数　185千字
版　　次　2023年4月第1版　2023年4月第1次印刷
定　　价　40.00元

《萧山区耕地地力评价与管理》
编写人员

主　　编　应金耀　周华萍

副 主 编　施　波　王志伟　沈龙飞　李　斌

编写人员　（按姓氏笔画排序）

丁　锋　丁俊杰　王小丹　王志伟　王国兴

王国荣　王金友　方剑飞　孔令锋　许楚楚

阮倩茜　李　锋　李　斌　李水凤　杨列云

余仁良　应金耀　汪文兴　汪建明　沈龙飞

沈柏尧　陆妙根　陈　丽　陈晓丹　周华萍

俞汇利　施　波　郭　纬　黄忠平　董　伟

韩尧平

审　　稿　章明奎

内容提要

　　本书是近年来萧山区开展的测土配方施肥、耕地质量调查、土壤改良等项目的主要成果之一。第一章简要分析了影响萧山区耕地质量的自然因素与农业生产条件概况；第二章介绍了萧山区开展耕地地力调查与评价的技术方法；第三章总结了萧山区耕地土壤属性；第四章对萧山区耕地地力分级及各地力级的地力状况进行了定量分析；第五章对萧山区耕地地力进行了综合评价，提出了分区施肥的对策；第六章分区建立了耕地地力建设与管理思路；第七章专题介绍了萧山区滨海平原土壤质量与施肥管理措施；第八章从土壤有机质的维持与提升、耕地土壤酸化的预防与治理、土壤盐渍化治理及土壤物理障碍因素改良等方面，综述了耕地质量的改良与保育的常用技术；第九章介绍了耕地改良利用方面的试验案例。

　　本书较为全面地介绍了萧山全区耕地资源的质量状况，提出了不同地貌区耕地利用与管理的思路，可为农业、土地管理等部门提供参考。

前　　言

　　耕地是土地资源的精华和农业生产的基础，耕地地力是耕地生产力的核心。保护耕地数量与提高耕地质量，对于农业丰产、社会稳定与可持续发展至关重要。党的十六届三中全会指出，"要实行最严格的耕地保护制度，保证国家粮食安全，保护提高粮食综合生产能力，稳定一定数量的耕地"，这在人多地少的萧山区尤为重要。

　　萧山区是浙江省杭州市市辖区，位于浙江省北部、杭州湾南岸、钱塘江南岸，地处中国县域经济最为活跃的长三角南翼；地理坐标为北纬29°50′54″~30°23′47″，东经120°04′22″~120°43′46″。全境东西宽约57.2 km，南北长约59.4 km，总面积1 417.83 km²。农业是萧山区的传统产业，提升耕地地力和保护农村生态环境，增加农业生产效益，保证农产品质量安全，促进农业可持续发展一直深受全区各级政府领导的高度重视。为切实保护好耕地，维持萧山区的长远发展，近年来萧山区相继开展了耕地质量调查与评价、农田地力提升、土壤改良和施肥技术推广等工作。通过全区耕地质量的调查与动态监测，达到了查清耕地基础生产能力、土壤肥力状况和土壤障碍因素的目的，取得了一系列成果。在收集各种空间数据图件、填写属性数据表的基础上，建立了全区耕地地力管理和配方施肥信息系统，实现了图层调用、编辑、数据查询、土壤环境评价等功能，实现了耕地资源的数字化、可视化、动态化管理，对区域作物施肥知识进行形式化表达，建立作物配方施肥模型，为发展高效生态农业、"精准农业"提供全面、系统的信息资源，为耕地保护、培肥、改良、利用规划等决策提供依据，为农民种植生产提供指导。通过测土配方施肥技术的持续推广，实现了测土配方施肥由"点指导"向"面指导"扩展、由"简单分类指导"向"精确定量分类指导"的转变，真正做到"以点测土、全面应用"；实现了由田间地头直接指导、发放施肥建议卡等传统指导方法，向利用现代信息技术进行社会化服务的先进服务形式的转变，施肥水平有明显的提高。

为了全面总结以上成果，发展和完善萧山区的土肥技术，我们编写了《萧山区耕地地力评价与管理》一书。本书的出版是全区土肥系统人员共同努力的结果。

由于编者水平有限，加上时间仓促，错误之处在所难免，敬请读者给予指正。

编　者
2023.3

第四章　耕地和园地地力

第五章　耕地地力综合评价

第六章　耕地地力建设与管理

第七章　滨海平原土壤质量与施肥管理措施

第八章　耕地质量的改良与保育技术

第九章　耕地改良利用试验案例

第一章　自然条件与农业概况

　　耕地的质量内容包括耕地用于一定的农作物栽培时，耕地对农作物的适宜性、生物生产力的大小（耕地地力）、耕地利用后经济效益的多少和耕地环境是否被污染4个方面。其生产能力是特定气候区域以及地形、地貌、成土母质、土壤理化性状、农田基础设施及培肥水平等要素综合作用的结果，由立地条件、土壤条件、农田基础设施条件及培肥水平等因素影响并决定，它是耕地内在的、基本素质的综合反映。因此，耕地质量深受各种自然要素的影响。

第一节　自然条件

一、地形地貌

　　萧山区地处浙东低山丘陵区北部、浙北平原区南部；地势南高北低，自西南向东北倾斜，中部略呈低洼。地貌区域差异明显：南部为低山丘陵地区，间有小块河谷平原；中部和北部为平原，中部间有丘陵。全区平原约占66%，山地占17%，水面占17%。区内平原约909 km²，按成因可分陆相沉积平原和海相沉积平原两类，以海相沉积平原为主。海湾堆积平原主要位于中部，地形平坦，局部稍有起伏，地面高程为4.2~6.2 m，占平原面积的1/3。三角湾堆积平原位于北部，主要是由杭州湾潮流带入的泥沙堆积而成，表现平坦，地面高程为5~6.3 m，占平原面积的2/3。河谷平原散布于南部低山丘陵地区，面积甚少，仅58 km²。山地约259 km²，有低山、高丘、低丘、陆屿等，海拔最高744 m，最低10 m。山体基本呈西南向东北方向展布，为龙门山、会稽山、天目山的分支和余脉，分别从西南部、南部、西北部入境。

　　低山。分布于萧山区与诸暨、富阳接壤的地区，主要山峰高程500 m以上，少数可达700 m，占山地面积的15%。

高丘。零星分布于萧山区西南与东南部，地面高程300~500m，占山地面积的30%。

低丘。断续分布于萧山区南部，地面高程50~300m，地形破碎，占山地面积的35%。

陆屿。零星散布于海湾堆积平原和早期围垦成陆的三角湾堆积平原上，共有大小不等的50余个，地面高程10~257m，占山地面积的20%。

二、地质地层

萧山区大地构造属于钱塘江复向斜的一部分，大地自吕梁运动褶皱成陆，震旦纪又开始下沉，沉积了巨厚的寒武系至志留系地层。加里东运动使地层发生褶皱。以后江南古陆表现为上升为主，钱塘江复向斜区仍发生下沉海侵，又沉积了泥盆系、石炭系及局部地区的二叠系地层。印支运动使老地层全部发生褶皱和断裂，并伴有岩浆喷发和侵入。此后钱塘江复向斜区也由长期下沉转为隆起。新构造运动萧山区地层发生间歇性不等量地向东北掀升和隆起，形成萧山区西南高，东北低的地势。第四纪中更新世发生海侵，同时钱塘江地堑相对下沉。第四纪上更新世末到全新世初又发生海侵，在沿河地区都广泛堆积了Q4的物质，形成冲积、洪冲积平原和洪积扇。萧绍平原地史较短，7 000年前还是汪洋大海，海水直拍现在的山麓线下，后因长江泥沙淤积，逐渐成陆。

自元古代以来，杭州地区是一个长期接受沉积的区域，各系地层发育较好，厚度比较大，沉积比较连续。各系地层除二叠系、第三系地层未见出露外，其余地层都齐全。有元古界震旦系砂页岩；古生界下部的寒武系灰岩、白云岩、泥页岩和奥陶系泥灰岩、砂页岩、泥岩。中部的志留系砂质泥岩、砂岩和泥盆系砂岩、砂砾岩。上部的石炭系灰岩和二叠系灰岩、泥岩，中生界侏罗系砂岩、砾岩和火山喷发堆积的凝灰岩、流纹岩、岩浆侵入形成的花岗岩、闪长岩等白垩系粉砂岩、泥岩和凝灰岩；新生界第四系Q2、Q3地层和全新统的河、湖、浅海相冲积、沉积地层。钱塘江南岸的萧绍平原，以全新统Q4地层为主，其余地层在此范围呈岛状出露。丘陵山区出露的地层以古生界、中生界面积最大。

三、水文水系

萧山区主要水系属钱塘江水系，钱塘江自富阳长岭头附近进入萧山区，境内全为感潮河段。潮位最高纪录为9.58m，最低2.31m。含沙量平均5‰，含盐度2‰左右，最高达11.3‰。按地形和流向可分为3个自成一体又互有联系的小水系。

南部水系。处于南部、西南部低山丘陵与河谷平原地区，系以浦阳江为干流呈树枝状展布的河网系统。主要河流有浦阳江、永兴河、凌溪、凰桐江、径游江等。

中部水系。西江塘以东、北海塘以南中部平原地区呈网状展布的河流湖泊水系，为萧绍平原水系的组成部分，主要河流有进化溪、西小江、萧绍运河、南门江、湘湖、白马湖等。

北部水系。为北海塘以北的南沙地区和围垦区人工河网系统，呈格子状展布。主要河流有北塘河、前解放河、后解放河、先锋河、七甲直河、五堡河、长山直河、九号坝直河、大治河、永丰直河、方迁浚河、生产湾、长林湾、三官埠直湾等。

主要水系及其特征总结如下。

1. 钱塘江

干流在杭州市境内，建德梅城以上泛称新安江，自梅城以下，分别称为桐江、富春江、钱塘江。钱塘江发源于安徽南部黄山地区的青芝埭尖，流经14个县市，注入杭州湾。桐江和富春江河段景色极佳，统称富春江。闻家堰以下河口一段才称钱塘江，这段水道蜿蜒曲折，形如反写的"之"字，西湖正好是反"之"上的一点，故称之江。钱塘江河口呈巨大的喇叭形，杭州湾口南北两岸相距约100 km，至钱塘江口缩小到20 km，再上至海宁盐官，仅为2.5 km。河床纵剖面有庞大的沙坎隆起，从乍浦起以1.5/10 000的坡度向上抬起，到仓前附近达到顶点，再以0.6/10 000的倒坡伸展到闻堰。地势从西南向东北倾斜，干流依势向东北注入杭州湾。河流呈羽状水系。

2. 浦阳江

发源于浦江县天灵岩南麓，流经诸暨市至兔石岭入境，到小砾山与富春江汇入钱塘江。流域3 560 km²，总长151 km。流经本区欢潭、新江岭、浦阳、浦南、城山、大庄、永兴、义桥、朱村桥、许贤、临浦等乡镇。沿途有欢潭江、径游江、鸡鸭江、永兴河之水来汇，流程32.5 km。昔日两岸洪涝灾害常年在20万亩（1亩≈667 m²，全书同）左右，为洪涝重灾区。中华人民共和国成立以来，按上蓄下导方针，对全江进行综合治理。

3. 永兴河

曾名大溪。发源于富阳区常乐乡石梯山，流经青龙头进入萧山区。流经岩山、楼塔、河上、大桥、戴村、永兴、朱村桥、许贤等乡镇。沿途接纳纳姆岭、黄岭、雪湾溪、大同溪（又称佳溪）、茨坞溪、姜坞溪、高都溪、凤坞溪、凌溪、石门溪和里箐岭之水至西址埠注入浦阳江。流域273 km²，主流长42.3 km。

4. 凌溪

又名七都溪。发源于小王岭。向东北流，纳杨家溪之水，至下门桥纳里外石板溪之水，至沈村纳石牛山坞之水，到张村畈纳中岭之水，至凌桥纳云门寺之水，至戴村注入永兴河。全长15.5 km，河床对堤宽10～25 m，水深0.5～2 m，流域38.75 km²。

5. 凰桐江

发源于诸暨市乌毛山，至桃源乡舜湖村入境。流经桃源、径游、尖山3乡镇，至尖山村入浦阳江。流域137 km²，全长47 km，其中县内5.6 km。河道宽80 m，常年水面宽44 m，常年水位6 m，水深2 m。

6. 径游江

发源于诸暨市亢坞山，流至马婆桥入萧山区，称里亭河。至径游附近分两支：一支东流，出径游南闸，一支北流入鸡鸣江至径游北闸，入浦阳江。北流1982年已回填堵塞。全长12.7 km，区内长5.7 km。径游南闸至曹家埭为常流河。

7. 进化溪

古称麻溪。发源于蠡斯岭，流域面积52.99 km²，长13 km。流经进化、城山两乡。一路至茅山闸汇入浦阳江，一路经晏工桥入西小江。山头埠村以上为石河床，以下为常流河。河面宽15～20 m，常年水位5.7 m，水深1.3 m，最高水位王家石闸附近曾达10 m。

8. 西小江

原为浦阳江下游河道之一，由西向东横穿萧绍平原。自明代天顺年间（1457年前后）开宽凿深积堰口、成化十一年（1475年）筑麻溪坝、崇祯十六年（1643年）建茅山闸后，西小江才与浦阳江分离，自成体系。自麻溪桥至绍兴三江闸，全长72.26 km。流经萧山区道济、所前、来苏、新塘、袭江、螺山、衙前、昭东等乡镇，长33 km。江面宽30～80 m，常年水位5.6 m，水深2～2.5 m。

9. 萧绍运河

又称官河、西兴运河、浙东运河。开挖于西晋。南宋迁都临安（杭州）后，曾多次整治、疏浚西兴至萧山段河道;乾隆初年(约1165年)又开挖西兴至江边段新河,因有北海塘相隔,未与钱塘江接通,现与北塘河相连。运河自西兴向东流,至钱清与西小江汇合,经绍兴市抵上虞曹娥江,全长78.5km。流经萧山区西兴、城北、城厢、袭江、螺山、衙前、昭东等乡镇,长21.6km,河面宽30m左右,常年水位5.7m,最高水位7.24m,最低水位4.18m,一般水深1.5~2m。

10. 南门江

起自城厢镇苏家潭,北与西河相接,南至白鹿塘与西小江汇合。在油车桥附近,分一支延伸至临浦出寺山闸通浦阳江;另一支自白鹿塘西行至义桥过新坝闸入浦阳江。流域160km²,流程9.5km。白鹿塘至临浦段江面宽30m左右,其余60m左右。常年水位5.6m,一般水深2~2.5m,多年最高水位7.68m,最低水位4.43m。

11. 湘湖

位于钱塘江南岸、萧山城区西南,已有8 000年的历史。期间,在自然作用和人为因素的共同影响下,湘湖或为沧海,或为湖沼,或为田地,历经沧海巨变。远古时期,湘湖地域曾是东海海湾的一部分。气候冷暖交替,冰川、海潮作用频繁,湘湖成为一个海陆交替的地带。北宋政和二年(1112年),时年60岁的杨时补任萧山县令,召集村中阅历丰厚的老人开会,并亲自勘察,"视山可依,度地可圩,以山为界,筑土为塘",筑南、北两堤,废田37 002亩,蓄水成湖。湖周围约40km,长约8.5km,宽0.5~3km,东北窄、西南宽,形似葫芦,"邑人谓境之胜若潇湘然",故名湘湖。此后,湘湖作为一个人工湖泊,蓄洪防旱,灌溉周边九乡146 868亩农田。随着历史的发展,湘湖在长年累月的泥沙淤积和人为蚕食下,水面逐渐减少。自明代开通碛堰山,建造麻溪、三江闸后,依赖湘湖灌溉的农田,已不足原来的一半,为开垦淤积荒地提供了可能。截至民国三十六年(1947年),先后垦地约7 000亩。至中华人民共和国成立前夕,湘湖水面仅存10 000亩,已不足成湖初期的1/3。

12. 前解放河

1957年开挖,西起七甲河,东至九号坝直河。流经西兴、城北、盈丰、宁围、长山、新街等乡镇。长14.27km,河面宽28m左右,一般水深1.5m。

13. 后解放河

1957年开挖,西起钱江排灌站,经盈丰、宁围、长山、新街、光明、大园、靖江等乡镇,长24.4km。河面宽30~35m,一般水深1.5~2.3m。

14. 先锋河

1969年开挖。西起钱江排灌站，经种畜场、部队农场以及钱江、红垦、红山农场，在红山南分支。一支从赭山湾闸入钱塘江，长22km；一支经义南横湾、十三工段至十六工段闸入钱塘江。河面宽30~40m，一般水深1.3~2.5m。

15. 北塘河

1977年开挖，原名大寨河。西起江边排灌站，冬至坎山红星桥。全长24km，流经长河、西兴、城北、长山、新街、光明、坎山等乡镇。河面宽30~35m，一般水深2.5m。

四、气候条件

萧山位于北亚热带季风气候区南缘。总的气候特征为：冬夏长、春秋短，四季分明；光照充足，雨量充沛，温暖湿润；冷空气易进难出，灾害性天气较多；光、温、水的地域差异明显。年平均气温为16.1℃，年平均地面温度为18.3℃，年平均降水量1 402.5mm，年平均无霜期248d，年平均日照时数2 006.9h，年平均蒸发量1 223.7mm。风向随季节转换，11月到翌年2月，北、北西风最多；2月起，北、北东风渐盛，3—6月和8月以东风为主；7月多西南风；9—10月多北风。灾害性天气主要是寒潮、低温、暴雨、台风、冰雹和飑等。

1. 季节特征

（1）春季。始于3月26日，终于5月30日，历期66d左右。春季开始，冷凝气流交绥频繁，气温变幅加大，阴雨增多，倒春寒天气时有出现，春播育秧和油菜、春粮作物每受其害。季内多年平均气温为17.7℃，最低气温零下3℃（1969年4月4日），最高气温33.7℃（1967年4月30日），平均雨日32d，季雨量为年雨量的22.5%；以东南风为主，风向多变；局部地区有冰雹，1955—1985年共发生22次冰雹，其中发生在4—5月的有8次。

（2）夏季。始于5月31日，终于9月18日，历期111d左右。季多年平均气温为25.9℃，最高气温38.8℃。6月中旬至7月上旬为初夏梅雨期，雨量集中，大到暴雨次数增多。7月中旬至8月上旬为仲夏期，受副热带高压控制，多晴热天气，温度高，日照多，蒸发量大，是一年中的相对干热期，间有早稻高温逼熟现象出现。8月中旬至9月中旬为夏末期，常受台风边缘影响。一年中的一次最大降水量和连日最大降水量，大多发生在本期，季雨量占年水量的43.4%。

（3）秋季。始于9月19日，终于11月22日，历期65d左右。秋季开始，北方冷空气即影响萧山区，气温缓慢下降，多雾、下雨，日夜温差大，有利于喜温作物和晚秋作物的结实成熟。季平均气温14.7℃，有雾天气约占全年的1/3；季雨日20d左右，季雨量149.8mm，占年水量的11.1%；日平均降水量2.5mm，低于全年各季。

（4）冬季。始于11月23日，终于3月25日，历期123d左右。进入冬季，北方冷空气对萧山区的影响加强，气温急剧下降，季平均气温6.1℃，极端最低气温零下15℃（1977年1月5日）；盛行西北偏北风，平均风速3.8m/s；季雨量占年雨量的23%；多年日最低气温小于0℃的天气约37d。

2. 气象要素

（1）日照。多年平均为2 071.8h，7月最多，计266.0h，2月最少，仅117.1h；日照百分率以8月最高，平均64%，3月最低，平均36%。日照最多年2 408.1h（1963年），最少年1 672.8h（1982年），年际差735.3h。在正常情况下，北部海积平原区作物生长可达全日照要求；南部低山丘陵区，因山脉阻挡，日照时数相应减少。据萧山气象站1983年5月和1984年4月对位于北部平原的义蓬和位于低山丘陵区的楼塔两地各季日出、日没观察对比，日照时数，楼塔比义蓬月差37h，年差563h，其中高温作物生长期（5—10月）差310h。

（2）气温。年平均气温16.1℃，变幅为15.5～17.1℃。最冷为1月，平均气温3.6℃，最热为7月，平均气温28.5℃；最低气温零下15℃（1977年1月15日），最高气温38.8℃（1954年8月11日）。萧山区的气温垂直递减率，为海拔每升100m降0.45℃。年平均气温，地区间表现为：南部东西两侧青化山、石牛山等海拔300m以上地区，<15℃；南部楼塔、桃源、进化等丘陵地区15～16℃；中部水乡和北部沙地平原，>16℃；所前、宏图等积热区在16.2～16.4℃。

（3）地温。多年平均地面温度18.3℃，一般在17.3～19.2℃。1月平均4.9℃，为最低；7月平均32℃，为最高。地面极端最低零下21℃（1977年1月31日）；极端最高70.8℃（1978年7月9日），地下5cm、15cm、20cm深处年平均都是17.6℃，10cm深处为17.5℃。

（4）降水。历年平均降水量1 363.3mm，最多年2 018.2mm（1954年），次多年1 929.8mm（1973年），最少年837.6mm（1967年），极差

1 091.2mm。全年降水有两个高峰期：第一高峰在3—6月，雨日60 d左右，降水500～700 mm，占全年降水量的42%～48%；第二高峰在8月底至9月底，降水量164.4 mm，占全年降水量的12.1%。日最大降水量160.8 mm（1963年9月12日）；月最大降水量465.1 mm（1954年5月）。

（5）蒸发。多年平均蒸发量1 232.9 mm。最高年1 416.9 mm（1971年），最低年987.6 mm（1980年），一年中7月蒸发势最旺，达203.5 mm；1月最弱，仅43.3 mm。除7、8两月外，其余各月气候湿润。1955—1984年各季降水与蒸发量见表1-1。

表1-1　萧山区各季降水与蒸发量

季节	日降水量（mm）	日蒸发量（mm）	差值（mm）
春	5.0	3.8	1.2
夏	4.9	5.2	-0.3
秋	2.5	2.6	-0.1
冬	2.6	1.7	0.9

（6）霜。多年平均霜日37.7 d。最多57 d，出现于1962—1963年；最少21 d，出现于1965—1966年和1968—1969年。初霜11月12日前后，最早10月24日（1962年）；终霜4月2日前后，最迟4月19日（1966年）。年无霜期224 d，最多246 d（1962—1963年）；最少198 d（1970—1971年）。

（7）雪。多年初雪在12月25日前后，最早年11月29日（1967年），最迟年在1月25日（1971年）；终雪一般在3月13日前后，最早2月14日（1977年），最迟年在4月29日（1982年）。年平均降雪8.7 d，最多年达25 d（1984—1985年）。历年平均积雪6.9 d，最多年达28 d（1983—1984年），长山附近最大积雪深20 cm（1964年2月23日）。

（8）风。11月至翌年2月多刮西北风，3—6月和8月多东风，7月多西南风，9—10月多北风。历年平均风速2.3 m/s，定时最大风速24 m/s，最大阵风达12级以上。各月都有大风发生，4—9月为大风多发期，其中7—8月出现次数最多，风速亦最大。

五、土壤类型及其生产特性

第二次土壤普查表明，本区土壤总面积为162.15万亩，按浙江省第二次土壤普查土壤暂行分类方案，可分为6个土类、16个亚类、32个土属、58个土种（表1-2）。按农业区域、成土母质、肥力特征、土壤类型的分布，全区可分为四大土区。滨海平原土区面积为80.78万亩；水网平原土区面积为31.81万亩；河谷平原土区面积为5.96万亩；低山丘陵土区面积为43.6万亩。

红壤土类。红壤土类总面积为39.57万亩，占全区总土壤面积的24.40%。下分红壤、黄红壤、侵蚀型红壤、潮红土4个亚类，续分油红泥、黄泥土、红砂土、石砂土、潮红土5个土属，11个土种。

黄壤土类。黄壤土类面积0.92万亩，占全区总土壤面积的0.57%。下分黄壤和侵蚀型黄壤2个亚类，续分山地黄泥土和山石砂土2个属，3个土种。

石灰性土类（岩性土类）。石灰性土类面积0.145万亩，占全区总土壤面积的0.09%。下分石灰岩土亚类，续分油黄泥土属，1个土种。

潮土类。潮红土类面积38.66万亩，占全区土壤总面积23.84%，下分潮土、钙质潮土2个亚类，续分洪积泥砂土、清水砂、培泥沙、堆叠砂、粉砂土、淡涂砂等6个土属，8个土种。

盐土类。盐土土类面积41.85万亩，占全区总土壤面积25.81%，下分氯化物盐土和潮土化盐土2个亚类，续分涂砂土和咸砂土2个土属，4个土种。

水稻土类。水稻土类面积41.0万亩，占全区土壤面积的25.29%。分为渗育型水稻土、潴育型水稻土、脱潜型水稻土、潜育型水稻土、盐渍型水稻土5个亚类，续分黄泥田、洪积泥砂田、黄泥砂田、泥砂田、泥质田、培泥砂田、黄斑田、小粉田、淡涂田、黄松田、青紫泥田、青粉泥田、烂青紫泥田、青泥田、涂砂田等16个土属，31个土种（表1-2）。

表1-2 萧山区第二次土壤普查土壤分类系统表

土类	亚类	土属	土种	面积（亩）	百分比（%）
1.红壤	11.红壤	116.油红泥	116-1油红泥	57 071.17	0.352
			116-2厚层耕作油红泥	413.77	0.026
	12.黄红壤	122.黄泥土	122-1黄泥土	71 356.46	4.401
			122-2黄泥砂土	218 560.01	13.479
			122-3黄砾泥土	66 747.28	4.116
			122-4薄层耕作黄泥砂土	931.43	0.057
			122-5厚层耕作黄泥砂土	13 763.78	0.849
		126.红砂土	126-1红砂土	408.32	0.025
			126-2酸性紫色土	149.58	0.009

（续表）

土类	亚类	土属	土种	面积（亩）	百分比（%）
1.红壤	13.侵蚀型红壤	131.石砂土	131-1 石砂土	17 534.78	1.081
	14.潮红土	141.潮红土	141-1 潮红土	135.33	0.008
2.黄壤	21.黄壤	211.山地黄泥土	211-1 山地黄泥土	5 682	0.369
			211-3 山地香灰土	1 260.9	0.078
	22.侵蚀型黄壤	221.山地石砂土	221-1 山地石砂土	1 952.94	0.12
3.岩性土	32.石灰岩土	322.油黄泥	322-1 油黄泥	1 449.1	0.089
5.潮土	51.潮土	511.洪积泥砂土	511-1 洪积泥砂土	631.83	0.039
		512.清水砂	512-1 清水砂	85.03	0.005
		513.培泥砂土	513-1 培泥土	2 467.71	0.152
			513-2 培砂土	1 553.25	0.096
		516.堆叠土	516-1 堆叠土	12.75	0.001
		518.粉砂土	518-1 粉砂土	903.66	0.056
	52.钙质潮土	522.淡涂砂	522-1 潮闭土	122 638.17	7.563
			522-2 流砂板土	258 330.48	15.931
6.盐土	61.氯化物盐土	611.涂砂土	611-1 流板砂	2 717.91	0.168
	62.潮土化盐土	621.咸砂土	621-1 轻咸砂土	89 524.52	5.521
			621-2 中咸砂土	236 228.11	14.568
			621-3 重咸砂土	90 064.45	5.554
7.水稻土	71.渗育型水稻土	712.黄泥田	712-1 黄泥田	20.46	0.001
	72.潴育型水稻土	721.洪积泥砂田	721-1 洪积泥砂田	3 228.18	0.199
		722.黄泥砂田	722-1 黄泥砂田	12 702.39	0.783
			722-2 黄粉泥田	10 177.74	0.628
			722-3 黄大泥田	2 863.06	0.177
		723.泥砂田	723-1 泥砂田	13 830.61	0.853
		724.泥质田	724-1 泥质田	11 383.39	0.702
			724-2 泥筋田	347.68	0.021
			724-4 半砂田	1 272.51	0.078
			724-6 死泥田	4 238.92	0.261

（续表）

土类	亚类	土属	土种	面积（亩）	百分比（%）
7.水稻土	72.潴育型水稻土	725.培泥砂田	725–1培泥砂田	9 731.89	0.6
			725–2培泥田	259.59	0.016
			725–3砂田	1 811.09	0.112
		726.黄斑田	726–1黄斑田	5 289.05	0.326
		727.小粉田	727–1小粉田	117 768.65	7.263
			727–2青墡小粉田	8 330.08	0.514
			727–5黄化小粉田	3 201.78	0.197
			727–8小粉泥田	93 804.61	5.785
			727–9黄化小粉泥田	1 016.13	0.063
			727–12夹砂小粉田	3 416.93	0.211
			727–13青墡小粉泥田	2 820.19	0.174
		72（11）淡涂田	72（11）–3潮闭田	4 162.24	0.257
		72（19）黄松田	72（19）–1黄松田	2 568.68	0.158
			72（19）–2粉砂田	42 895.38	2.645
			72（19）–3钙心粉砂田	9 864.64	0.608
	73.脱潜型水稻土	731.青紫泥田	731–1青紫泥田	1 161.87	0.072
		733.青粉泥田	733–1青粉泥田	16 425.91	1.013
	74.潜育型水稻土	743.烂泥田	743–1烂泥砂田	8 984.71	0.554
		744.烂青紫泥田	744–4烂青粉泥田	5 402.32	0.333
		746.青泥田	746–1青泥田	3 620.47	0.223
	76.盐渍型水稻土	761.涂砂田	761–1涂砂田	7 412.96	0.457
合计	16个亚类	32个土属	58个土种	1 621 522.88	100%

1．土壤分布规律

萧山区地貌塑造受湖、河、江、海的影响，母质类型较为复杂，其中有的以湖沼沉积为主，有的以浅海沉积为主，有的以河流冲积为主，有的以原积、坡积为主，有的以河海、湖海交互沉积为主。在此条件下，不同母质类型的堆叠和混交相当突出，所以本区不同地域曾经经历了盐渍化、沼泽潜育化、草甸化等自然成土过程，其后又经历了长期的耕种熟化和垦殖利用，形成了各类耕作土壤和山地土壤。

萧山区境内，地貌类型齐全，以平原为主，河谷、低山丘陵兼具。土壤分布依然受地貌类型的制约。现将本区滨海沙地区、中部低洼平原区和丘陵山地的土壤分布规律叙述如下。

（1）滨海沙地区。主要为盐土和潮土2个土类。土壤在分布上也具有明显的规律性，从海边向内陆顺次分布着涂砂土土属、咸砂土土属和淡涂砂土土属。具体而言，钱塘江到外线大堤之间分布着涂砂土；南沙大堤到外线大堤之间为咸砂土分布带；南沙大堤以南与古北海塘之间是淡涂砂土属分布区。

（2）中部低洼平原区。由于母质类型繁多，沉积情况在小范围内有很大差异，故表现为土壤种类的多样性，分布的复杂性。土壤可分为潴育型水稻土，脱潜型水稻土和潜育型水稻土及潮土4个亚类。水网平原的土壤分布状况，没有明显的分带规律。黄松田分布于滨海平原向水网平原过渡的狭长地带；小粉田分布在大河下游河道两侧；地势略高的水网平原中心地段，有零星黄斑田；古湖沼遗址和碟形洼地中心，通常分布着青粉泥田、青紫泥田和烂青紫泥田。河谷平原土壤分布由河床向河漫滩地、阶地，直至基岸丘陵地有规律地逐步更替，更替顺序为：砂田—培泥沙田—半砂田—泥质田。

（3）丘陵山地。红壤分布面积最广，尤以黄红壤亚类中的黄泥土土属占绝对优势。西侧与富阳交界处海拔超600m以上的山峰顶部皆为有机质含量在3%~5%以上的黄泥土土属；600m以下的低山丘陵陡坡或上坡为石砂土；山垄、沟谷及低丘坡脚经耕作管理发展成为黄泥沙土；谷底溪流两侧多为洪积泥沙田。

2. 主要土壤性态特征

（1）红壤土类。红壤土类总面积为39.57万亩，占全区总土壤面积的24.40%。下分红壤、黄红壤、侵蚀型红壤、潮红土4个亚类，续分油红泥、黄泥土、红砂土、石砂土、潮红土5个土属，11个土种。其中以油红泥、黄泥土、红砂土为主。红壤亚类母质为泥质灰岩或风化原积体、坡积体，土色呈红色或棕红色，其为红化、黏化、酸化作用强烈的土壤呈强酸反应，pH值5左右，有机质含量1.0%~1.5%，质地为重壤至轻黏，代表土种如油红泥等。黄红壤亚类成土母质为各种岩石风化体，土体呈黄红或黄棕色，有的呈浅棕色，有比较明显的砂质、砾质性，土壤pH值5.5~6.0，有机质含量在1.5%~2.0%，全土层较浅，代表土种黄泥土和红砂土等，目前多为毛竹和林木地。侵蚀型红壤亚类分布于山丘陵陡坡或山顶部位，母质为各种岩石风化残积体，土体中母质特征突出，风化度低，实质性强，代表土种为石砂土。潮红土亚类母质为Q3红土及其再积物，土体黄化明显，全剖面pH值及盐基饱和度较一般红壤高，质地中壤至重壤，土壤呈酸性，代表土为潮红土。

（2）黄壤土类。黄壤土类面积0.92万亩，占全区总土壤面积的0.57%。下分黄壤和侵蚀型黄壤2个亚类，续分山地黄泥土和山石砂土2个属，3个土种。以山黄泥砂土为主，母质以凝灰岩、砂岩等基岩风化残积物为主，土体黄色。黄壤是在湿润亚热带气候条件下形成，土壤富铝化作用较红壤土类减弱，硅铁铝率略高于红壤。由于山高雾多，湿度大，日照少，有机质分解慢，易发生积累，表层形成深厚的腐殖质层，有机质含量较高，但心土含有机质少，呈黄色，剖面有明显的发生层次。黄壤的自然植被茂密，开发潜力较大，其中大部宜作为林木地。

（3）岩性土土类。岩性土类面积0.145万亩，占全区总土壤面积的0.09%。下分石灰岩土亚类，续分油黄泥土属，1个土种。母质为石灰岩、白云岩，质地黏重，呈黄色，上部微酸，下部有石灰反应。目前多为疏林或荒丘。

（4）潮土土类。潮土类面积38.66万亩，占全区土壤总面积23.84%，下分潮土、钙质潮土2个亚类，续分洪积泥砂土、清水砂、培泥沙、堆叠砂、粉砂土、淡涂砂等6个土属，8个土种。潮土是在地表土壤水升降的影响下发育的旱作熟化土壤，母质包括河、湖、海相冲击沉积物，全土层深厚。土壤反应微碱或微酸性、中性皆有之，变化幅度较大，质地砂壤至重壤。潮土亚类中，洪积泥沙土土体中砂、砾、泥夹杂，分选性差，耕作层仅为10cm，漏水漏肥，养分流损大，肥力较低；清水砂土质地为砂壤，并伴有卵石，土体疏松无结构，严重漏水漏肥；培泥沙土全土层深厚，剖面发育弱，发育层次极不明显，一般开垦为桑园或菜地、旱粮地；堆叠土母质为河海相沉积物，人工搬运堆叠，地势高于水田，排水良好；粉砂土上层黏粒高于下层，全层无石灰反应。土壤呈中性，结构性稳定，目前多为稻、麻轮作地。钙质潮土亚类母质为近期浅海沉积物，质地为轻壤，土壤已从脱盐进入脱钙过程，一米土体内土壤最高含量在0.1%以下，全层有石灰反应，自表土至底土，顺次增强，代表土为淡涂砂等，目前为稻麻、稻棉轮作地。

（5）盐土土类。盐土土类面积41.85万亩，占全区总土壤面积25.81%，下分氯化物盐土和潮土化盐土2个亚类，续分涂砂土和咸砂土2个土属，4个土种。盐土类成土母质为最新浅海沉积物，受海潮侵淹，土壤处于盐渍化或脱钙过程中，整个土体和潜水含有较高盐分，剖面基本无发育，多为抛荒地。氯化物盐土含盐量高，可达0.6％左右，质地为细砂、粗粉砂，无发育层次，土壤在积水条件下有流砂性，淹水后十分板结；潮土化盐土土壤处于脱盐和脱钙过程中，含盐量为0.1％~0.5％，半数已被耕作利用，质地为砂壤土，有强石灰反应，目前为稻棉、稻麻轮作地。

（6）水稻土类。水稻土类面积41.0万亩，占全区土壤面积的25.29％。分为渗育型水稻土、潴育型水稻土、脱潜型水稻土、潜育型水稻土、盐渍型水稻土5个亚类，续分黄泥田、洪积泥砂田、黄泥砂田、泥砂田、泥质田、培泥砂田、黄斑田、小粉田、淡涂田、黄松田、青紫泥田、青粉泥田、烂青紫泥田、青泥田、涂砂田等16个土属，31个土种。亚类中主要以潴育型水稻土和渗育型水稻土亚类为主。水稻土在全区各地貌区域均有分布，但随着地貌类型、成土母质不同，其土壤属性均有明显差异。水网平原地区大多分布着泥质田、培泥砂田，低丘谷地大多分布着黄泥沙田、泥沙田类型。现将水稻土类中主要亚类、主要土属的主要生产特性逐一描述。

①渗育型水稻土亚类：该亚类在萧山区境内面积极小，系高位梯田，永久地下水位很低，一般不直接与剖面发育相联系，母质为红壤性原积、坡积体，仅有降水和灌溉水等地表水参与了土壤的渗育过程。在耕作层有机质的共同作用下，剖面上出现较明显的铁和锰的分层淀积现象，其底土常保持红壤母质的性态特征。本区仅有黄泥田土属。黄泥田土属分布地段在低山丘陵的上坡位置，基本脱离地下水直接作用，表土层养分受地表径流冲蚀而流失，肥力较低，质地为重壤，有机质含量在1.0％~1.5％。主要土种有黄泥田。

②潴育型水稻土亚类：该亚类广泛分布在水网、河谷和低山丘陵的谷、垄，滨海平原亦有少量存在。土体受灌溉水和地下水双重影响，剖面形态多变，土壤氧化还原作用交替，使铁、锰发生淋溶和淀积，黄斑层发育明显，有明显的棱柱状结构，土体通气爽水，水、气协调，为萧山区主要高产良田之一。该亚类内有9个土属，24个土种，最大土属为小粉田土属，面积为23.03万亩；其次是黄松田土属，面积约为5.53万亩；再次为黄泥沙田土属，面积为2.57万亩左右。

洪积泥砂田土属：处于丘陵、山地溪流两侧和山口的洪积扇上，母质为洪水冲积物，土体中砂、砾、泥夹杂，稍有层理，但分选性差，土壤质地较轻松，爽水性好，但保肥保水性差，质地轻壤至中壤，土壤呈酸性，pH值5.5~6.0。主要土种是洪积泥砂田。

黄泥砂田土属：主要分布在山垅、坡麓及缓坡，大部分是梯田。母质为红壤的坡积物或经过短距离搬运的红壤再积物。土层较深，土体比较疏松，有机质较高，一般在2%~3%，pH值中性。主要土种有黄泥砂田、黄粉泥田、黄大泥田等。

泥砂田土属：主要分布在溪流两岸，母质以溪流冲积物为主，亦夹有一定数量的洪积物。质地较轻，一般为中壤，土体各层次中夹有粗砂和砾石。土壤呈微酸性，pH值6.0~6.5，土体常呈灰色或棕灰色。主要土种有泥砂田。

泥质田土属：分布于河谷阶地或老河漫滩上，母质为河流老冲积物，土层较厚，土壤剖面发育完善，潴育斑纹明显，土层分化清楚，土壤质地中壤至重壤，少数为轻黏，一般呈微酸性。主要土种有泥质田、泥筋田、半砂田和坂田大泥等。

培泥砂田土属：分布在河谷河漫滩地，母质为新冲积物，土壤发育较差，剖面层次分化不明显，基本上通体呈母质体原色，质地为砂壤至重壤土，以中壤为主。主要土种有培泥砂田、培泥田和砂田。

黄斑田土属：分布于水网平原或大河及河口三角洲平原。成土母质为湖海相沉积物，质地匀细，主要有砂粉和黏粒组成，质地重壤至轻壤。土壤熟化程度较高，黄斑层发育明显，土层上下有垂直节理。耕作层有机质含量3.5%以上，土壤肥沃，生产性能好。主要土种有黄斑田。

小粉田土属：广泛分布于水网平原和滨海——水网过渡带，是本区最主要的水田土壤。成土母质主要为河海、湖海相沉积，质地均匀，以中壤为主。0.01~0.05mm的粗粉粒常高达50%以上，并含少量砂粒。剖面发育较年轻，土体上重下轻，呈黄灰色，无石灰反应。主要土种有小粉田、青塥小粉田、黄化小粉田、小粉泥田、黄化小粉泥田、夹砂小粉田和青塥小粉泥田。

淡涂田土属：零星分布，地处滨海平原内侧和水网平原外侧。母质为近期浅海沉积物，土体已脱盐淡化，进入脱钙过程，土体松散。剖面发育层次分化不明显，耕作层有机质含量在1.5%~2.0%。主要土种为潮闲田。

黄松田土属：分布在滨海平原向水网平原过渡的狭长地带。母质为浅海或河海相沉积物，质地中壤，剖面发育不明显。主要土种有黄松田、粉砂田和钙心粉砂田。

③脱潜型水稻土亚类：该亚类分布于水网平原低洼地中心部位。成土母质为古代湖沼、湖海相沉积体，发育于潜古育体，介于潜育型水稻土和潴育型水稻土之间，是两者演变的过渡类型。地势较低陷，地下水位偏高，土体

上部仍有一定的潴育层次，同时具有较明显的干湿变化和氧化还原交替过程。该亚类有2个土属，2个土种，青紫泥田土属和青粉泥田土属，青紫泥田土种和青粉泥田土种。

青紫泥田土属：分布于水网平原低地原古湖沼遗迹处。成土母质为湖沼相、湖海相沉积物，质地轻黏至中黏，土体呈青灰色，耕作层有机质含量达4.5%，全氮超过0.2%。主要土种有青紫泥田。

青粉泥田土属：为壤质青紫泥，粗粉砂含量较高，有明显的浅海母质特征，质地以中壤为主，土体呈青灰色，土壤呈微酸性，有机质含量达4%左右。主要土种有青粉泥田。

④潜育型水稻土亚类：该亚类零星分布于河谷平原和水网平原的局部低洼处，母质类型繁多。该亚类有3个土属，3个土种，烂泥田土属、烂青紫泥田土属和青泥田土属，烂泥田土种、烂青粉泥田土种和青泥田土种。

烂泥田土属：分布于河谷坂心和近山低洼地，母质为冲积洪积物，质地为砂壤至中壤，通体呈青灰色有强亚铁反应。主要土种为烂泥砂田。

烂青紫泥田土属：分布于平原局部低湿处，母质为湖海相沉积物。土壤剖面自犁底层以下为青灰色，土体烂糊，速效养分含量低。主要土种有烂青粉泥田。

青泥田土属：分布于平原河谷洼地，母质为河湖相沉积物。土质黏重致密，有韧性，土体青灰色，通透性极差，肥效迟缓。主要土种有青泥田。

⑤盐渍型水稻土亚类：该亚类分布于滨海平原区，母质为新浅海沉积物，含盐，含碳酸钙。土壤尚处于脱盐脱钙过程，上下层均有明显石灰反应，土壤发育弱，基本无层次分化，土壤呈微碱性，pH值7.5左右，耕作层有机质含量为1%。该亚类有1个土属，1个土种，涂砂田土属，涂砂田土种。

六、耕地资源

人均耕地面积为0.68亩，人多地少的矛盾比较突出。鉴于地形地貌、土质、排灌条件各异，各地耕地利用方式不同，种植作物多样，主要种植作物有：水稻、大豆、杂粮等粮食作物；油菜、花生、甘蔗、西瓜、蔬菜等经济作物以及绿肥等其他作物。粮食作物中的水稻是萧山区耕地主要利用方式。

第二节 农业生产概况

一、农业发展历史

农业是自然生产与社会经济再生产交织进行的社会生产，既受自然规律的影响，又受社会经济制度、科学技术条件的制约。萧山自然条件优越，耕作历史悠久。据对境内楼塔、义桥、长河等地先后出土的历史文物考证，早在4 000年以前的新石器时代晚期（良渚文化）农渔业生产已有发展。在历史记载上，自春秋时期起即广泛栽培"麦、禾、豆、麻"。农田灌溉兴于东汉以后，唐宋时在平原地区大兴水利。历代所兴修的早期水利工程，不仅使当时"永兴一带农民精细耕作、每亩稻田可产三斛"，而且为本区农田水利建设奠定了基础，促进了土壤的熟化和土壤肥力的发展。中华人民共和国成立后，党和政府十分重视农业的恢复和发展，在各个历史时期制定了一系列旨在提高农业生产水平、繁荣农村经济的政策和措施，领导广大农民大搞农田基本建设，改善生产环境，改革农业技术，实行科学种田，开创了本区农业兴旺发达的新局面。

1. 水利建设

萧山区历史上较大规模的水利建设有：唐宋时期的修建北海塘；北宋末叶的围筑湘湖；明代洪武初始建的西江塘；天顺年间开通的碛堰口，构筑临浦、麻溪两坝；崇祯十六年兴建的茅山闸。清代光绪二十八年至民国时期修筑的南沙大坝等。中华人民共和国成立后，在人民政府领导下进行的农田建设，先是从培修堤塘、开挖疏浚河渠、兴建涵闸堰坝，以提高农田抗御洪潮和排涝抗旱能力着手的。

1952年春季，临浦、进化、戴村、河上、西蜀、长河、城北等7个区，出动1.5万民工，投工61.7万工，完成土石方45.75万m³，进行了浦阳江茅潭汇截弯取直工程，使诸暨、义乌、浦江和萧山4县100万亩农田得益，是萧山区中华人民共和国成立后第一项大型水利工程。1954年冬至1955春，重建十二埠排涝闸，一般年份可解除南沙地区8.7万亩涝灾。1956年5月，九号坝闸建成，为城北、坎山两区近3万亩沙地减轻了内涝。1956年12月至1959年建成库容108万m³的黄石垄水库，可灌溉农田2 200多亩，是当时萧山区最大的水库。1957年又开挖了前、后解放河，为西水东调，给垦区引淡洗咸，开辟了通道。除以上工程外，还对沿江堤塘进行了培修加固。1960年，新安江电力接通萧山区，水利建设转入发展电力排灌为主的综合治理。1960年8月，小砾山电力排灌站建成，1964年2月，又增建坎山翻水站，使南沙地区大部分耕地成为旱涝保收田。同期，还先后在浦阳江、永兴河沿岸湖畈地区，分灌区兴建了临江、大桥、桃源、新江岭、欢潭、径游、茅山、蛟山等14座电力排灌站。西南山区半山区兴建了大批山塘和小型水库。到1964年底，全区电力排灌网基本形成，生产面貌迅速改变，复种指数相应提高，产量大幅度增长，是年全区粮食亩产达到1 008斤（1斤＝0.5 kg，全书同）。部分地区还利用排灌电源发展农副产品加工，为以后兴办乡村工业，发展农村经济，打下了基础。1970年9月，在全区农田基本建设会议上，传达了中央关于"今冬明春要大搞一下农田基本建设"的指示，全区迅速掀起农田水利基本建设高潮，每天出工人数达20万～30万人。是年冬天，开掘了南从新林周北至钱塘江的大治河及与之衔接的从西小江至新林周的直河，建成与之配套的大治河闸，开掘了长达24 km的大豆北塘河（当时名大寨河）。从此，中部平原积水可由此排入钱塘江，减轻了萧绍平原的内涝灾害。

2. 农田改良

1957年和1958年，全区各地普遍进行了深耕深翻，挑河泥送客土，加厚土层；割青草积土肥，提高土壤肥力；移坟头填废池，铲土墩塞旱沟，削高地填低田以及调整插花地等农田改良工作。到1958年底，全区约有21万亩耕地得到初步改良，是年全区粮食平均亩产410 kg，提前9年达到《全国农业发展纲要》的粮食指标要求。为了有计划地平整土地，1959年区人民政府组织农业水利部门，对全区土地作了普查，并根据普查资料作出农田基本建设规划。按"结合生产、分期进行，不断整修、逐年提高"的原则开展农田建设。1960—1966年，全区共铲平坟头2.59万个，填废池塘、旱沟0.76万处，修建排灌渠道1 374条，全长29.74万m。1970年，萧山区提出"土地平整，田块成方，渠系配套，绿树成行"的园田化建设要求。在山区半山区继续改溪造田；在平原区开展以三渠（排、灌、降）配套为重点的园田化建设。1974年冬至1978年春，全区又造田造地2 500亩，劈山整地5 000亩，平整土地，搞田园化建设8万亩；到1979年年底，全区共建成大格子园田50.28万亩，小格子园田33.74万亩，旱涝保收面积达57.5万亩。1984年以后，各地在第二次土壤普查的基础上，根据当地土壤结构，普遍采用增施磷、钾肥和微量元素肥料等措施以改良土壤。但到1986年，全区还有低产田8.88万亩，其中南部河谷平原和低山丘陵区2.25万亩，北部平原区6.63万亩。

3.滩涂围垦

钱塘江河口段两侧淤积的大块滩涂,主要是长期每日两次的钱江涌潮,把杭州湾口外的大量浅海沉积泥沙移入堆积而成。萧山人民早在18世纪中期,在构筑堤塘抗御洪潮灾害的同时,就开始了围涂垦种的生产活动。1924—1926年,在东起盈丰新中坝、西至七甲闸一段,共围涂9 100亩。1958年以来,随着新涂的淤涨,浦沿、长河、盈丰等公社陆续进行小块试围,至1960年已围成1.2万亩。1965年秋和1966年春,由省、市、县三级政府联合在九号坝下游组织围涂2.25万亩,紧接着又在美女坝至乌龟山东南,由赭山、南阳两公社联合围涂0.23万亩。

1966年秋,党山、夹灶、长沙3个公社组建"益农围垦指挥部",于11月出动近万民工,在南沙大堤益农坝段的东侧,围涂0.9万亩。1968年6月"瓜沥地区围垦指挥部"(翌年改为"萧山县围垦指挥部"县属),对白虎山以东到新湾一带的滩涂进行了实地勘察,放样定线,制订了围涂计划。经过1968年7月、8月、11月3次4万人的突击抢围,围成3.6万亩。1969年3月在蜀山以北围涂2.7万亩,11月在新湾以北围涂5.2万亩;1970年11月与就地驻军联合,在新湾以东围涂7.72万亩,翌年1月又围3.79万亩。处于本区西北部的城北区宁围、盈丰两公社,亦于1968年在顺坝以北一带进行围涂,并组成"顺坝围垦指挥部",至1970年围涂1.25万亩。在农村全面实行家庭联产承包责任制后的1986年12月至1987年1月,全区又组织瓜沥、义蓬、城南、城北4个区的23.5万余人,经两期12 d的艰苦奋战,筑起高11.5 m、底宽35 m的围堤17.3 km,开挖河道25.5 km,围涂5.2万亩。据统计,新中国成立以来,至2000年共围成滩涂52.52万亩。萧山区60%以上农产品来自钱塘江滩涂垦区。

二、农业生产发展现状

近年来,通过产业结构调整,全区蔬菜、花木、畜牧、水产、林特五大特色产业优势明显,在全市乃至全省都有一定地位。2007年被省政府命名为农业优势特色产业综合强县。其中蔬菜、花卉苗木、畜牧产业分别被省政府命名为单项强县。

1.优势特色产业发展现状

全区现已形成蔬菜、花木、畜牧、水产与林特五大特色优势产业,蔬菜产业设施栽培技术应用增长较快,是全国十大蔬菜出口示范县之一;花木容器育苗、设施栽培、新品种发展较快，是全国花木之乡；畜牧产业快速发展；萧山区南美白对虾养殖基地被农业部（现农业农村部）评为全国加工业示范基地；林特产业继续保持稳步增长的发展态势，基本形成蜜梨、杨梅、青梅三足鼎立之势，五大优势特色产业形成五大产业带，突现出以下特点：一是各类生产要素向优势区域、优势产业和特色优势产品集聚；二是优势产品的区域化布局、专业化生产、产业化经营水平，品种结构和品质结构有了较大的提高；三是优势产业带内的农业企业、农民专业合作组织等农业经济主体，发挥作用明显，组织化水平得到提升；四是优势产业带生产规模扩大，科技应用水平高，农产品安全得到加强；五是优势产业带内农产品从生产领域延伸到加工、销售等各个领域，提高了农产品的附加值和市场竞争力，经济效益比带外优势明显。

　　2.产业发展中存在的主要问题

　　随着城市化和工业化进程的加快，产生了大片优质高产良田被征用，农用土地逐年减少，工业污染和农业面源污染加重，生产环境污染治理难度突出等问题，已对全区优势农业产业的发展造成一定的影响。产业发展自身还存在着设施农业比例不高、产业内部结构不合理、知名品牌缺少、合作组织发挥作用不明显等问题。

　　3.产业发展对策

　　围绕做大做强特色产业这一目标，根据全区优势产业现状，蔬菜业要围绕安全生产与经济效益的提高来加速内部结构调整，重点在发展设施蔬菜、引进新品种、推广新技术上下功夫，其中东片垦区要推广高产高效生态种植模式，科学安排种植面积与种植季节；中片地区要积极引进开发名、特、优、新产品，提高设施蔬菜的档次；南片地区要继续实施"北菜南移工程"，发展加工与鲜销蔬菜，建立与加工相配套的蔬菜基地。花木业要调优结构，引进新优品种，建立种子种苗扩繁基地，大力推广容器育苗等新技术，扩大设施栽培面积。同时，积极发展高档观赏花卉，提升产业档次。畜牧业要推进健康、生态的现代养殖方式，推行适度规模化生产，通过加强疫病防控，实施畜禽种苗工程，提高综合竞争力。水产业要以围垦地区为依托，实施南美白对虾、甲鱼、黑鱼、河蟹等产业化基地建设，加快标准鱼塘改造步伐，做好水产品加工、休闲渔业和观赏渔业发展文章。林特业要抓好低产林改造，运用新技术推广设施栽培，在做精以茶叶、青梅、杨梅、蜜梨为代表的特色产品的同时，积极引进新优品种，努力发展葡萄、蓝莓等高档水果。在五大特色优势产业整体开发的同时，立足发挥比较优势，重点在优质化、标准化、品牌化、产业化、科技化和社会化等"六化"上下功夫，促进产业升级，实现农业增效。

第三节　耕地开发利用和保养管理

一、耕地开发利用

根据萧山区的地域特征和农业生产条件及发展方向，全区划为3个综合农业区。

1. 北部沿江平原—麻、棉、油、鱼、桑区

该区包括钱塘江、杭州湾沿岸的大片海积平原地区。地形狭长，地势平坦，土壤以粉砂壤土为主，土层深厚，质地松软，人工河渠成网，引水设施配套，农业气候条件与其他农区相比较，具有日照充足，降雨较少，热量较好，日夜温差大的特点。该区是萧山区最大的一个农业区，农业生产以商品性的棉麻生产为主，同时蚕茧、瓜、菜、畜、禽、水产亦居全区重要地位。由于紧靠城市，交通方便，乡镇企业发展早，基础好。此外，区内尚有12个国营、部队、集体农场，有明显的经济技术优势，成为萧山区经济较为发达的地区。根据该区的自然资源和经济技术条件，今后的发展方向和途径如下：一是建立和发展以络麻、棉花、蚕桑、油菜籽为主的经济作物生产基地，发展其他土特产品生产；二是依托国营农场经济技术优势，建立禽畜蛋奶基地和发展水产养殖事业；三是充分利用优越地理位置和农副产品丰富的优势，积极发展乡镇企业，并重点抓好农副产品加工业和第三产业；四是建立"开放型"经济体系，搞好劳力、人才、技术、资金的引进和输出；五是搞好海塘工程建设及农田水利设施配套工程，保障垦区安全，改善生产条件。

2. 中部水网河谷平原—粮、畜、鱼、果区

该区包括永兴河、浦阳江两岸狭窄的河谷地带及中部广大的水网平原。河谷平原坡度平缓，土层深厚，主要土壤为黄沙泥、青紫泥等水稻土；水网平原地势低平，土壤亦为典型的水稻土，质地较好，有利于作物高产；水网平原地区河网密布，水量丰富，农业气候条件与其他农区相比较，具有气候温和湿润，日照较足的特点，宜于水稻及喜温喜湿的杨梅等果木生长。该区是粮食主产区，油菜籽、蚕茧、络麻亦占一定比重。同时，还是茶叶、水果和干果的重要产区。水网平原地区还是全区淡水鱼的主要产区，素称"鱼米

之乡"，禽畜生产亦有一定基础。水网平原地区的乡镇企业起步亦较早，发展速度较快，航运事业亦较发达。在历史上，还有出东海入长江的船队。因此，该区农村经济的发展程度仅次于沿江平原。但是就全区而言，发展很不平衡，河谷平原大部分地区生产条件较差，生产水平较低，生产内容单一，商品生产发展较慢。根据该区的资源条件和生存现状，今后发展方向和途径如下：一是搞好以发展桑、茶、果等多种经营为主，以提高粮食作物质量为重点的种植业结构调查；二是大力发展以养鱼为主的养殖业，并继续发展其他禽畜生产；三是继续兴办乡镇企业，并充分运用本地优势，抓好航运及公路运输事业，尤其是要恢复和发展外江、近海航运，以适应商品生产发展的需要；四是不断提高农业机械化水平，扩大种植业的经营规模，提高种植业的经济效益。

3. 南部低山丘陵——林、畜、茶、果区

该区位于萧山区南部的东西两侧，多数是高度为150～400m的中、低丘陵，因此是一个丘陵低山地区。土壤以红、黄壤为主。土层较厚，透水性好，宜于林木、果树及其他特产作物的生长。农田主要靠蓄水灌溉，但调蓄能力差，易受洪涝灾害。农业气候条件的特点是热量较差，光照较少，降水较多。该区是林木、毛竹的集中产区，茶叶、蚕茧、药材等林特产品在全区也占一定地位，水果及干果也有一定发展，农牧业也有一定基础，乡镇企业发展较迟，基础较差。因此，从总的来看，农村经济发展程度落后于其他农区，山区人民生活仍较艰苦。根据该区资源条件和生产现状以及加速发展山区经济的要求，今后的发展方向和途径如下：一是改革和调整林业结构，把发展经济林列为林业建设重点；二是发展以林特产品加工业为主的乡镇企业，以及选择兴办耗能少、原料、产品便于运输的工业企业；三是积极改善生产条件，兴修水利，继续发展农业和畜牧业生产；四是继续改善交通运输条件，加强山区集镇建设，推进山区的开放和开发。

二、耕地管理

保护耕地是全民族、全社会的共同责任，对确保粮食安全、维护社会稳定、保护生态环境、促进可持续发展具有十分重要的意义。萧山区人多地少，耕地资源稀缺，当前又处于工业化、城市化快速发展时期，科学合理利用土地、严格保护耕地尤为重要。为了有计划地平整土地，从1957年开始，全区各地通过深耕深翻、填低田加厚土层、积土肥提高土壤肥力等技术措施改

良农田。1959年，萧山区人民政府又组织农业水利部门，通过对全区土地普查，提出农田基本建设规划，按"生产结合、分期进行，整修完善、逐年提高"的要求开展农田基础设施建设，在山区半山区改溪造田，在平原区开展以排、灌、降配套为重点的沟渠园田化建设，1979年全区已建旱涝保收农田面积57.5万亩。

第二章　耕地地力评价方法

第一节　调查方法与内容

一、调查取样

调查布点与样品采集是耕地地力调查与质量评价的关键，布点的合理性，直接影响到地力评价的结果。因此，在整个调查过程中，取样点的设置必须结合当地的农业生产实际，符合调查技术规范要求，样品采集必须严格按规范操作。根据《农业农村部耕地地力调查项目实施方案》要求，为了使土壤调查所获取的信息具有一定的典型性和代表性，提高工作效率，节省人力和资金，在布点和采样时主要遵循以下原则：在土壤采样布点上遵循具有广泛的代表性、均匀性、科学性、可比性，点面结合，与地理位置、地形部位相结合，与第二次土壤普查布点相吻合，并适当增加污染源点位密度。

1.布点原则

（1）全面性原则。一是指调查内容的全面性。耕地地力评价是对其地力和环境质量的综合评价，影响耕地地力质量的因素既包括其本身的环境，也包括灌溉用水及农业生产经营管理等自然和社会因素。因此，科学评价农田质量，就必须要对影响其质量的诸因子进行全面综合调查。二是指地域的全面性。萧山区地貌类型复杂多样，每个区域土壤的立地条件、农业利用方式、成土母质、土壤类型和农田基础设施等均有差异，因此，在调查布点上要照顾到每个地貌区域。三是指土壤类型的全面性。此次农业用地调查中共有5个土类、13个亚类、24个土属、37个土种。布点时均设取样点。四是指作物种类的全面性。除了对水稻、麦（油）布点外，在蔬菜、蚕桑、茶叶、水果等多种经济作物品种上也有相应布点。

（2）均衡性原则。即指取样点设置的均衡性。特别注意在空间上的均衡性，同时也注意根据不同地貌类型耕地面积比例和不同土种面积大小确定布点数量。

（3）突出重点原则。从萧山近年产业结构调整实际出发，突出经济作物如蔬菜、水果、茶叶等无公害农产品基地耕地的调查布点。

（4）客观性原则。是指调查内容既要客观反映农业生产实际状况，又要突出其质量本身的基础性，体现为当前生产直接服务的生产性，还要客观真实地反映耕地质量状况，确保调查结果的真实性、准确性。

2.布点方法

耕地地力调查评价野外土壤样品采集，根据《浙江省耕地地力调查与分等定级技术方案》规定，按照全面性、均衡性、客观性、突出重点等原则，采取GPS定位仪定位，先调查采样后分析的方法进行。由于耕地地力调查评价方法滞后，导致在实际操作中采用了先采样、上图，再确定评价单元和评价样点的方式。全区共布耕地地力评价采样点1 233个，其中耕地1 089个、园地144个。

3.采样方法

为了避免受作物生长和施肥影响，采取一个作物周期终期（上季作物收获后，下季作物尚未耕种前）采样，每个土样选择不小于1亩的代表性田块（地块），采用"S"形法均匀随机采取10～15个耕作层点，每点不少于0.2 kg土样，混合后四分法采集1 kg土样，写好野外标签，当日送土化室处理，待分析化验。

二、调查内容

为了准确地划分耕地地力等级，真实地反映耕地质量状况，通过对全区74.5万亩耕地土壤及5.3万亩园地的本身特性、自然条件、基础设施、耕作制度等影响要素进行了调查，并根据耕地地力划分等级评价指标有关要求，进行客观地评价。

1.耕地地力调查

包括立地条件、土体剖面构型、耕层理化性状、养分状况、障碍因子以及经营管理利用现状等项目。具体调查内容为：地貌类型、冬季地下水位、剖面构型、耕层厚度、耕层质地、耕层容重、排涝能力（抗旱能力）、土壤耕层pH值、阳离子交换量（CEC）、有机质、有效磷、速效钾、土壤盐分13个项目。

2.耕地的利用及保护调查

主要包括耕作制度，农作物种类及品种、产量，农家有机肥施用状况、商品化肥施用种类和数量、农田灌溉方式及水资源来源等，耕地地力的开发及保护措施等(表2-1、表2-2)。

表2-1 测土配方施肥采样地块基本情况调查表

统一编号：　　　　　　　调查组号：　　　　　　采样序号：

采样目的：　　　　　　　采样日期：　　　　　　上次采样日期：

<table>
<tr><td rowspan="6">地理位置</td><td>省(市)名称</td><td></td><td>地(市)名称</td><td></td><td>县(旗)名称</td><td></td></tr>
<tr><td>乡(镇)名称</td><td></td><td>村名称</td><td></td><td>邮政编码</td><td></td></tr>
<tr><td>农户名称</td><td></td><td>地块名称</td><td></td><td>电话号码</td><td></td></tr>
<tr><td>地块位置</td><td></td><td>距村距离(m)</td><td></td><td>组名称</td><td></td></tr>
<tr><td>纬度
(度：分：秒)</td><td></td><td>经度
(度：分：秒)</td><td></td><td>海拔高度(m)</td><td></td></tr>
<tr><td>纬度
(度：分：秒)</td><td></td><td>经度
(度：分：秒)</td><td></td><td>/</td><td>/</td></tr>
<tr><td rowspan="4">自然条件</td><td>地貌类型</td><td></td><td>地形部位</td><td></td><td>/</td><td>/</td></tr>
<tr><td>地面坡度(度)</td><td></td><td>田面坡度(度)</td><td></td><td>坡向</td><td></td></tr>
<tr><td>通常地下水位
(cm)</td><td></td><td>最高地下水位
(cm)</td><td></td><td>最深地下水位
(cm)</td><td></td></tr>
<tr><td>常年降水量
(mm)</td><td></td><td>常年有效积温
(℃)</td><td></td><td>常年无霜期
(天)</td><td></td></tr>
<tr><td rowspan="3">生产条件</td><td>农田基础设施</td><td></td><td>排水能力</td><td></td><td>灌溉能力</td><td></td></tr>
<tr><td>水源条件</td><td></td><td>输水方式</td><td></td><td>灌溉方式</td><td></td></tr>
<tr><td>熟制</td><td></td><td>典型种植制度</td><td></td><td>常年产量水平
(kg/亩)</td><td></td></tr>
<tr><td rowspan="6">土壤情况</td><td>土类</td><td></td><td>亚类</td><td></td><td>土属</td><td></td></tr>
<tr><td>土种</td><td></td><td>俗名</td><td></td><td>/</td><td>/</td></tr>
<tr><td>成土母质</td><td></td><td>剖面构型</td><td></td><td>土壤质地(手测)</td><td></td></tr>
<tr><td>土壤结构</td><td></td><td>障碍因素</td><td></td><td>侵蚀程度</td><td></td></tr>
<tr><td>耕层厚度
(cm)</td><td></td><td>采样深度
(cm)</td><td></td><td>/</td><td>/</td></tr>
<tr><td>田块面积(亩)</td><td></td><td>代表面积(亩)</td><td></td><td>/</td><td>/</td></tr>
<tr><td rowspan="4">来年种植意向</td><td>茬口</td><td>第一季</td><td>第二季</td><td>第三季</td><td>第四季</td><td>第五季</td></tr>
<tr><td>作物名称</td><td></td><td></td><td></td><td></td><td></td></tr>
<tr><td>品种名称</td><td></td><td></td><td></td><td></td><td></td></tr>
<tr><td>目标产量</td><td></td><td></td><td></td><td></td><td></td></tr>
</table>

（续表）

采样调查单位	单位名称			联系人	
	地址			邮政编码	
	电话		传真		采样调查人	
	E-Mail				

表2-2 农户施肥情况调查表

	统一编号		调查年度		农户姓名			
	乡镇		村		调查人			
施肥相关情况	生长季节		作物名称		品种名称			
	播种时间		收获日期		产量（kg/亩）			
	生长期内灌水次数（次）		生长期内灌水总量（方/亩）		灾害情况			

推荐施肥情况	目标产量		推荐施用数量（kg/亩）	N	P₂O₅	K₂O	实际用量（kg/亩）	N	P₂O₅	K₂O
	推荐施肥成本									

施肥明细	施肥序次	施肥时期	项目	施肥情况				
				第一种	第二种	第三种	第四种	成本（元）
	第一次		肥料种类					
			肥料名称					
			实物量（kg/亩）					
	第二次		肥料种类					
			肥料名称					
			实物量（kg/亩）					
	第三次		肥料种类					
			肥料名称					
			实物量（kg/亩）					
	第四次		肥料种类					
			肥料名称					
			实物量（kg/亩）					
	第五次		肥料种类					
			肥料名称					
			实物量（kg/亩）					

（续表）

施肥明细	第六次	肥料种类					
		肥料名称					
		实物量（kg/亩）					

三、样品检测

分析化验是进行测土配方施肥工作的重要组成部分，是掌握耕地地力和农业环境质量信息，进行农业生产和耕地质量管理的基础，是解决耕地障碍和农业环境质量问题不可或缺的重要手段，同时也是测土配方施肥工作中数据信息的直接来源和最容易出现误差的环节。萧山区土壤化验分析全部委托第三方进行。

1. 土样预处理

从野外采回的土壤样品均倒在样品盘上，摊成薄薄一层，置于干净整洁的室内通风处自然风干，严禁暴晒，并注意防止酸、碱等气体及灰尘的污染。风干过程中经常翻动土样并将大土块捏碎以加速干燥，同时剔除植物残体、石块等侵入体和新生体。风干后的土样平铺在制样板上，用木棍碾压，压碎的土样用2mm孔径筛过筛，未通过的土粒重新碾压，直至全部样品过筛。通过2mm孔径筛的土样可供pH值、盐分、交换性能及有效养分等项目的测定。将通过2mm孔径筛的土样用四分法取出一部分继续研磨，使之全部通过0.25mm孔径筛，供有机质、全氮等全效养分的测定。之后，将过筛的土样装入样品袋中备用，样品袋上写明编号、采样地点、土壤名称、采样深度、样品粒径、采样日期、采样人及制样时间、制样人等项目。制备好的样品妥善存贮，避免日晒、高温、潮湿和酸碱等气体的污染。全部分析工作结束，分析数据核实无误后，对分析完毕的土样进行存档保管，以备查询。

2. 分析方法

根据农业农村部测土配方施肥项目提供的测试要求，各项测定方法具体如下。

土壤有机质测定方法：油浴加热重铬酸钾氧化法

土壤有效磷测定方法：碳酸氢钠浸提——钼锑抗分光光度法

土壤速效钾测定方法：乙酸铵浸提——火焰光度法

土壤pH值测定方法：电位法

土壤缓效钾测定方法：硝酸提取——火焰光度法

土壤碱解氮测定方法：碱解扩散法

土壤全氮测定方法：凯氏蒸馏法

土壤有效硼测定方法：甲亚胺——H比色法

土壤锌、铁、锰、铜测定方法：DTPA浸提——原子吸收分光光度法

土壤有效钼测定方法：草酸——草酸铵浸提——极普法

土壤钙、镁测定方法：乙酸铵交换——原子吸收分光光度法

四、质量控制

化验分析方法采用国家标准或行业标准。对每批样品都做2个空白样进行基础实验控制。标准曲线控制：按照实验室样品检测操作要求，对每批样品检测都做标准曲线；每次标准曲线的相关系数r都要求大于0.99，对相关系数r小于0.99的要求重做；精密度控制：每批样品分析时都做2个平行。平行双样测定结果其误差范围小于5%的为合格，大于5%的重做；准确度控制：在检测过程中，每批样品都使用标准样品，进行内参样掺插，判断检测是否准确。若标准样检测结果超出误差范围，此批检测所有样品重检。

第二节　评价依据及方法

耕地地力评价是指耕地在一定利用方式下，在各种自然要素相互作用下所表现出来的潜在生产能力的评价，揭示耕地潜在生物生产能力的高低。由于在一个较小的区域范围内，气候因素相对一致，因此，耕地地力评价可以根据所在县域的地形地貌、成土母质、土壤理化性状、农田基础设施等因素相互作用表现出来的综合特征，揭示耕地潜在生物生产力，而作物产量是衡量耕地地力高低的指标。

一、评价依据

依据《浙江省耕地地力分等定级技术规程》，结合本区耕地的具体状况，对萧山区耕地、园地地力进行评价和分等定级。

二、评价技术流程

耕地地力评价工作分为4个阶段，一是准备阶段，二是调查分析阶段，三是评价阶段，四是成果汇总阶段，其具体的工作步骤见图2-1。

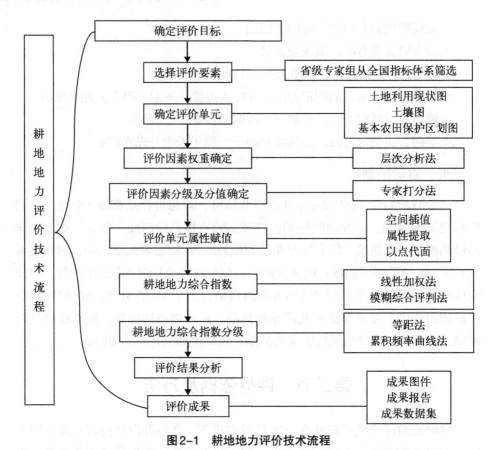

图2-1　耕地地力评价技术流程

三、评价指标

1.耕地地力评价的指标体系

耕地地力即为耕地生产能力，是由耕地所处的自然背景、土壤本身特性和耕作管理水平等要素构成。耕地地力主要由三大因素决定：一是立地条件，就是与耕地地力直接相关的地形地貌及成土条件，包括成土时间与母质；二是土壤条件，包括土体构型、耕作层土壤的理化形状、土壤特殊理化指标；三是农田基础设施及培肥水平等。为了能比较正确地反映萧山区耕地地力水平，以分出全区耕地地力等级，特邀请本区老土肥工作者根据工作经验，并参照浙江省耕地地力分等定级方案及兄弟单位工作经验，选择地貌类型、冬季地下水位、土体剖面构型、耕层厚度、质地、容重、pH值、阳离子交换量、水溶性盐总量、有机质、有效磷、速效钾、排涝抗旱能力13项因子作为萧山区耕地地力评价的指标体系。共分3个层次：第一层为目标层，即耕地地力；第二层为状态层，其评价要素是在省级状态层要素中选取4个；第三层为指标层，其评价要素与省级指标层基本相同。详见表2-3。

表2-3 萧山区耕地地力评价指标体系

目标层	状态层	指标层
耕地地力	立地条件	地貌类型 冬季地下水位
	剖面性状	剖面构型 耕层厚度
	理化性状	质地 容重 pH值 阳离子交换量 水溶性盐总量 有机质 有效磷 速效钾
	土壤管理	抗旱/排涝能力

2．评价指标分级及分值确定

本次地力评价采用因素（即指标，下同）分值线性加权方法计算评价单元综合地力指数，因此，首先需要建立因素的分级标准，并确定相应的分值，形成因素分级和分值体系表。参照浙江省耕地地力评价指标分级分值标准，经区里专家评估比较，确定萧山区各因素的分级和分值标准，分值1表示最好，分值0.1表示最差。具体见表2-4。

表2-4 萧山区耕地地力评价指标分级与分值表

（1）地貌类型

	水网平原	滨海平原	河谷平原	低丘
分值	1.0	0.8	0.7	0.5

（2）冬季地下水位（距地面距离cm）

	20～50	50～80	80～100	>100
分值	0.4	0.7	1.0	0.8

（3）坡面构型

水田	A-Ap-W-C	A-Ap-P-C、A-Ap-Gw-G	A-〔B〕C-C
	1.0	0.8	0.5
旱地	A-〔B〕-C	A-〔B〕C-C	A-C
	1.0	0.5	0.1

（4）耕层厚度

	≤8.0cm	8.0～12cm	12～16cm	16～20cm	>20cm
分值	0.3	0.6	0.8	0.9	1.0

（5）质地

	砂土、壤砂土	壤土、砂壤	黏壤土	黏土
分值	0.5	0.9	1.0	0.7

（6）容重

	0.9～1.1（g/cm³）	≤0.9或1.1～1.3（g/cm³）	>1.3（g/cm³）
分值	1.0	0.8	0.5

（7）pH值

	≤4.5	4.5～5.5	5.5～6.5	6.5～7.5	7.5～8.5	>8.5
分值	0.2	0.4	0.8	1.0	0.7	0.2

（8）阳离子交换量

	≤5 (cmol/kg)	5～10 (cmol/kg)	10～15 (cmol/kg)	15～20 (cmol/kg)	>20 (cmol/kg)
分值	0.1	0.4	0.6	0.9	1.0

（9）水溶性盐总量

	≤1（g/kg）	1～2（g/kg）	2～3（g/kg）	3～4（g/kg）	4～5（g/kg）	>5（g/kg）
分值	1.0	0.8	0.5	0.3	0.2	0.1

（10）有机质

	≤10	10～20	20～30	30～40	>40
分值	0.3	0.5	0.8	0.9	1.0

（11）有效磷

Olsen法

	≤5 (mg/kg)	5～10 (mg/kg)	10～15 (mg/kg)	15～20 或 >40 (mg/kg)	20～30 (mg/kg)	30～40 (mg/kg)
分值	0.2	0.5	0.7	0.8	0.9	1.0

Bray法

	≤7 (mg/kg)	7～12 (mg/kg)	12～18 (mg/kg)	18～25 或 >50 (mg/kg)	25～35 (mg/kg)	35～50 (mg/kg)
分值	0.2	0.5	0.7	0.8	0.9	1.0

（12）速效钾

	≤50 (mg/kg)	50～80 (mg/kg)	80～100 (mg/kg)	100～150 (mg/kg)	>150 (mg/kg)
分值	0.3	0.5	0.7	0.9	1.0

（13）排涝（抗旱）能力

排涝能力

	一日暴雨一日排出	一日暴雨二日排出	一日暴雨三日排出
分值	1.0	0.6	0.2

抗旱能力

	>70d	50～70d	30～50d	≤30d
分值	1.0	0.8	0.4	0.2

3.确定指标权重

对参与评价的13个指标确定权重体系，同样参照浙江省耕地地力评价指标体系中的权重分配，确定萧山区各指标权重，见表2-5。

表2-5　萧山区耕地地力评价体系各指标权重

序号	指标	权重
1	地貌类型	0.1
2	冬季地下水位	0.05
3	剖面构型	0.07
4	耕层厚度	0.07
5	耕层质地	0.08
6	容重	0.04
7	pH值	0.08
8	阳离子交换量	0.1
9	水溶性盐总量	0.02
10	有机质	0.11
11	有效磷	0.08
12	速效钾	0.10
13	排涝或抗旱能力	0.1

四、评价方法

1.计算地力指数

应用线性加权法，计算每个评价单元的综合地力指数（IFI）。计算公式为：

$$IFI = \sum (F_i \times W_i) \qquad (3-1)$$

式中：$\sum$ 为求和运算符；F_i 为单元第 i 个评价因素的分值；W_i 为第 i 个评价因素的权重，也即该属性对耕地地力的贡献率。

2.划分地力等级

应用等距法确定耕地地力综合指数分级方案，将本区耕地地力等级分为以下6级。见表2-6。

表2-6　萧山区耕地地力评价等级划分表

地力等级		耕地综合地力指数（IFI）
一等	一级	≥0.9
	二级	0.8～0.9
二等	三级	0.7～0.8
	四级	0.6～0.7
三等	五级	0.5～0.6
	六级	<0.5

五、地力评价结果的验证

2008年，本区根据浙江省政府要求和省政府领导指示精神，曾组织开展了58.6万亩标准农田的地力调查与分等定级、基础设施条件核查，明确了标准农田的数量和地力等级状况，掌握了标准农田质量和存在的问题。经实地详细核查，标准农田分等定级结果符合实际产量情况。在此基础上，从2010年起启动以吨粮生产能力为目标、以地力培育为重点的标准农田质量提升工程。为了检验本次耕地地力的评价结果，我们采用经验法，以2008年标准农田分等定级成果为参考，借助GIS空间叠加分析功能，对本次耕地地力评价与2008年标准农田地域重叠部分的评价结果（分等定级类别）进行了吻合程度分析，结果表明，此次地力评价结果中属于标准农田区域范围的耕地其地力等级与标准农田分等定级结果吻合程度达87.2％，由此可以推断本次耕地地力评价结果是合理的。

第三节　耕地资源管理信息系统建立

耕地资源管理信息系统以行政区域内耕地资源为管理对象，主要应用地理信息系统技术对辖区的地形、地貌、土壤、土地利用、农田水利、土壤污染、农业生产基本情况、基本农田保护区等资料进行统一管理，构建耕地资源基础信息系统，并将此数据平台与各类管理模型结合，对辖区内的耕地资源进行系统的动态的管理，为农业决策者、农民和农业技术人员提供耕地质量动态变化、土壤适宜性、施肥咨询、作物营养诊断等多方位的信息服务。图2-2概要描述了系统层次关系。

一、资料收集与整理

耕地地力评价是以耕地的各性状要素为基础，因此，必须广泛地收集与评价有关的各类自然和社会经济因素资料，为评价工作做好数据的准备。本次耕地地力评价我们收集获取的资料主要包括以下几个方面。

图件资料是耕地地力评价的重要基础资料，萧山区收集的基础图件主要有行政区划图、地形地貌图、土壤图、土地利用现状图等，收集的文字资料主要有萧山区土地志、土壤志、农业志、第二次土壤普查工作报告等。其他文字资料包括历年粮食单产、总产、种植面积统计资料，农村及农业生产基本情况资料，历年土壤肥力监测点田间记载及分析结果资料，近几年主要

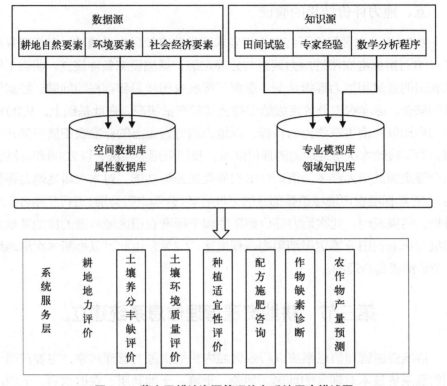

图2-2　萧山区耕地资源管理信息系统层次描述图

粮食作物、主要品种产量构成资料等（表2-7）。

表2-7　萧山区耕地地力评价图件资料汇总表

序号	比例尺	资料名称	资料来源
1	1∶50 000	萧山区行政区划图	萧山区民政局
2	1∶50 000	萧山区土壤分布图	萧山区农业局
3	1∶10 000	萧山区土地利用现状图	萧山区国土资源局
4		萧山区统计年鉴	萧山区统计局
5		萧山区土地志	萧山区国土资源局
6		萧山区土壤志	萧山区农业局
7		萧山区农业志	萧山区农业局
8		萧山区市志	萧山区水利水电局
9		第二次土壤普查工作报告	萧山区农业局
10		地力评价取样地块调查表	萧山区农业局
11		地力评价取样点化验结果表	萧山区农业局

二、空间数据库的建立

1. 图件整理

对收集的图件进行筛选、整理、命名、编号。

2. 数据预处理

图形预处理是为简化数字化工作而按设计要求进行的图层要素整理与删选过程，预处理按照一定的数字化方法来确定，也是数字化工作的前期准备。

3. 图件数字化

地图数字化工作包括几何图形数字化与属性数字化。属性数字化采用键盘录入方法。图形数字化的方法很多，其中常用的方法是手扶跟踪数字化和扫描屏幕数字化两种。本次采用的是扫描屏幕数字化。过程具体如下：先将经过预处理的原始地图使用大幅面的扫描仪扫描成300dpi的栅格地图，然后在ArcMap中打开栅格地图，进行空间定位，确定各种容差之后，进行屏幕上手动跟踪图形要素而完成数字化工作；数字化工作完成之后对数字地图进行矢量拓扑关系检查与修正；然后再对数字地图进行坐标转换与投影变换，本次工作中，所有矢量数据统一采用高斯－克吕格投影，3度分带，中央经线为东经120°，大地基准坐标系采用西安1980坐标系，高程基准采用1985国家高层基准。最后，所有矢量数据都转换成ESRI的ShapeFile文件。

4. 空间数据库内容

耕地资源管理信息系统空间数据库包含的主要矢量图层见表2-8，各空间要素层的属性信息在属性数据库中介绍。

表2-8 耕地资源管理信息系统空间数据库主要图层

序号	图层名称	图层类型
1	行政区划图	面（多边形）
2	行政注记	点
3	行政界线图	线
4	地貌类型图	面（多边形）
5	水系分布图	面（多边形）
6	1：10 000土地利用现状图	面（多边形）
7	土壤图	面（多边形）
8	耕地地力评价单元图	面（多边形）
9	耕地地力评价成果图	面（多边形）
10	耕地地力调查点位图	点
11	测土配方施肥采样点位图	点

（续表）

序号	图层名称	图层类型
12	第二次土壤普查点位图	点
13	各类土壤养分图	面（多边形）

三、属性数据库的建立

属性数据包括空间属性数据与非空间属性数据，前者指与空间要素一一对应的要素属性，后者指各类调查、统计报表数据。

1. 空间属性数据库结构定义

本次工作在满足《县域耕地资源管理信息系统数据字典》要求的基础上，根据浙江省实际加以适当补充，对空间属性信息数据结构进行了详细定义。表2-9至表2-12分别描述了土地利用现状要素、土壤类型要素、耕地地力调查取样点要素、耕地地力评价单元要素的数据结构定义。

表2-9　土地利用现状图要素属性结构

字段中文名	字段英文名	字段类型	字段长度	小数位	说明
目标标识码	FID	Int	10		系统自动产生
乡镇代码	XZDM	Char	9		
乡镇名称	XZMC	Char	20		
权属代码	QSDM	Char	12		指行政村
权属名称	QSMC	Char	20		指行政村
权属性质	QSXZ	Char	3		
地类代码	DLDM	Char	5	0	
地类名称	DLMC	Char	20	0	
毛面积	MMJ	Float	10	1	单位：m^2
净面积	JMJ	Float	10	1	单位：m^2

表2-10　土壤类型图要素属性结构

字段中文名	字段英文名	字段类型	字段长度	小数位	说明
目标标识码	FID	Int	10		系统自动产生
区土种代码	XTZ	Char	10		
区土种名称	XTZ	Char	20		
区土属名称	XTS	Char	20		
区亚类名称	XYL	Char	20		

字段中文名	字段英文名	字段类型	字段长度	小数位	说明
区土类名称	XTL	Char	20		
省土种名称	STZ	Char	20		
省土属名称	STS	Char	20		
省亚类名称	SYL	Float	20		
省土类名称	STL	Float	20		
面积	MJ	Float	10	1	
备注	BZ	Char	20		

表2-11　耕地地力调查取样点位图要素属性结构

字段中文名	字段英文名	字段类型	字段长度	小数位	说明
目标标识码	FID	Int	10		系统自动产生
统一编号	CODE	Char	19		
采样地点	ADDR	Char	20		
东经	EL	Char	16		
北纬	NB	Char	16		
采样日期	DATE	Date	20		
地貌类型	DMLX	Char	20		
地形坡度	DXPD	Float	4	1	
地表砾石度	LSD	Float	4	1	
成土母质	CTMZ	Char	16		
耕层质地	GCZD	Char	12		
耕层厚度	GCHD	Int	8		
剖面构型	PMGX	Char	12	1	
排涝能力	PLNL	Char	20		
抗旱能力	KHNL	Char	20		
地下水位	DXSW	Int	4		
CEC	CEC	Float	8	1	
容重	BD	Float	8	2	
水溶性盐总量	QYL	Float	8	2	
pH值	PH	Float	8	1	
有机质	OM	Float	8	2	
有效磷	AP	Float	8	2	
速效钾	AK	Float	8	2	

表2-12　耕地地力评价单元图要素属性结构

字段中文名	字段英文名	字段类型	字段长度	小数位	说明
目标标识码	FID	Int	10		系统自动产生
单元编号	CODE	Char	19		
乡镇代码	XZDM	Char	9		
乡镇名称	XZMC	Char	20		
权属代码	QSDM	Char	12		
权属名称	QSMC	Char	20		
地类代码	DLDM	Char	5	0	
地类名称	DLMC	Char	20	0	
毛面积	MMJ	Float	10	1	单位：m^2
净面积	JMJ	Float	10	1	单位：m^2
校正面积	XZMJ	Float	10	1	单位：m^2
土种代码	XTZ	Char	10		
土种名称	XTZ	Char	20		
地貌类型	DMLX	Char	20		
地形坡度	DXPD	Float	4	1	
地表砾石度	LSD	Float	4	1	
耕层质地	GCZD	Char	12		
耕层厚度	GCHD	Int	12		
剖面构型	PMGX	Char	12		
排涝能力	PLNL	Char	20		
抗旱能力	KHNL	Char	20		
地下水位	DXSW	Int			
CEC	CEC	Float	8	2	
容重	BD	Float	8	2	
水溶性盐总量	SRYY	Float	8	2	
pH值	PH	Float	3	1	
有机质	OM	Float	8	2	
有效磷	AP	Float	8	2	
速效钾	AK	Float	8	2	
地力指数	DLZS	Float	6	3	
地力等级	DLDJ	Int	1		

2. 空间数据属性数据的入库

空间属性数据库的建立与入库可独立于空间数据库和地理信息系统，可以在Excel、Access、FoxPro下建立，最终通过ArcGIS的Join工具实现数据关联。具体为：在数字化过程中建立每个图形单元的标识码，同时在

Excel中整理好每个图形单元的属性数据，接着将此图形单元的属性数据转化成用关系数据库软件FoxPro的格式，最后利用标识码字段，将属性数据与空间数据在ArcMap中通过Join命令操作，这样就完成了空间数据库与属性数据库的联接，形成统一的数据库，也可以在ArcMap中直接进行属性定义和属性录入。

3. 非空间数据属性数据库建立

非空间属性信息，主要通过Microsoft Access 2009存储。主要包括萧山区－浙江省土种对照表、农业基本情况统计表、社会经济发展基本情况表、历年土壤肥力监测点情况统计表、年粮食生产情况表等。

四、确定评价单元及单元要素属性

1. 确定评价单元

评价单元是由对土地质量具有关键影响的各土地要素组成的空间实体，是土地评价的最基本单位、对象和基础图斑。同一评价单元内的土地自然基本条件、土地的个体属性和经济属性基本一致，不同土地评价单元之间，既有差异性，又有可比性。耕地地力评价就是要通过对每个评价单元的评价，确定其地力级别，把评价结果落实到实地和编绘的土地资源图上。因此，土地评价单元划分得合理与否，直接关系到土地评价的结果以及工作量的大小。

由于本次工作采用的基础图件——土地利用现状图，比例尺为1：10 000，该尺度下的土地利用现状图斑单元能够满足单元内部属性基本一致的要求，评价单元采用土地利用现状图和土壤图叠加获取，共有54 658个评价单元图斑。这样，也更方便与国土部门数据的衔接管理。

2. 单元因素属性赋值

耕地地力评价单元图除了从土地利用现状单元继承的属性外，对于参与耕地地力评价的因素属性及土壤类型等必须根据不同情况通过不同方法进行赋值。

（1）空间叠加方式。对于地貌类型、排涝抗旱能力等成较大区域连片分布的描述型因素属性，可以先手工描绘出相应的底图，然后数字化建立各专题图层，如地貌分区图、抗旱能力分区图等，再把耕地地力评价单元图与其进行空间叠加分析，从而为评价单元赋值。同样方法，从土壤类型图上提取评价单元的土壤信息。这里可能存在评价与专题图上的多个矢量多边形相交的情况，我们采用以面积占优方法进行属性值选择。

（2）以点代面方式。对于剖面构型、质地等一般描述型属性，根据调查点分布图，利用以点代面的方法给评价单元赋值。当单元内含有一个调查点时，直接根据调查点属性值赋值；当单元内不包含调查点时，一般以土壤类型作为限制条件，根据相同土壤类型中距离最近的调查点属性值赋值；当单元内包含多个调查点时，需要对点作一致性分析后再赋值。

（3）区域统计方式。对于耕层厚度、容重、有机质、有效磷等定量属性，分两步走，首先将各个要素进行Kriging空间插值计算，并转换成Grid数据格式；然后分别与评价单元图进行区域统计（Zonal Statistics）分析，获取评价单元相应要素的属性值。

最后，使得基本评价单元图的每个图斑都有相应的13个评价要素的属性信息。

五、耕地资源管理系统建立与应用

结合耕地资源管理需要，基于GIS组件开发了耕地资源信息系统，除基本的数据入库、数据编辑、专题图制作外，主要包括取样点上图、化验数据分析、耕地地力评价、成果统计报表输出、作物配方施肥等专业功能。利用该系统开展了耕地地力评价、土壤养分状况评价、耕地地力评价成果统计分析及成果专题图件制作。在此基础上，利用大量的田间试验分析结果，优化作物测土配方施肥模型参数，形成本地化的作物配方施肥模型，指导农民科学施肥。

为了更好地发挥耕地地力评价成果的作用，更便捷地向公众提供耕地资源与科学施肥信息服务，依托技术协作单位开发的萧山区耕地地力管理与配方施肥信息系统成功实现了区域耕地资源管理信息系统的数据共享，建立了区级1∶50 000和乡镇级1∶10 000两种比例尺的耕地地力评价数据库，实现了耕地资源、土壤养分信息的高效有序管理，其中，乡镇1∶10 000比例尺的耕地地力评价系统实用性更强。该系统的建立可为行政决策者、农技推广人员和农民提供耕地质量动态变化、土壤适宜性、施肥咨询、作物营养诊断等多方位的信息服务，提高耕地资源综合利用和管理水平。

第三章　耕地土壤属性

第一节　有机质和大量元素

一、施肥状况

历史上，萧山区都以施农家肥为主，80%以上是人畜粪、垃圾、河泥、绿肥（紫云英、黄花苜蓿）、饼肥（菜饼、棉籽饼）以及草木灰等。据1936年《萧山概况》记载，本区主要肥料比例是：人粪40%、饼肥20%、草木灰10%、厩肥和石灰各5%、其他肥料20%。中华人民共和国成立以来，农业肥料结构经历了土杂肥由多到少，氮素化肥由少到多的演变过程。至20世纪70年代末和80年代初，出现氮素化肥偏多，磷钾肥和有机肥偏少，有机肥与化肥比例失调，氮磷钾三要素比例失调等弊病。据1981年不同地区的15个生产队调查：晚稻平均亩总施肥量54.8担，化肥占78.5%，有机肥只占21.5%。平均担肥产粮数随着有机肥的下降而下降，其中闻堰公社黄山一队，1975—1977年，有机肥比例占56%，担肥产粮6.4kg；1978—1981年，有机肥降至42.4%，担肥产粮5.2kg。近年来，本区农户施肥中仍然普遍存在少施有机肥、复合肥，大量施用尿素等单质化肥等问题。因此，在施肥中要注意做好肥料运筹与品种搭配工作，要结合土壤肥力情况和前作种植情况，调整肥料结构，重点是要控制氮肥用量，稳定磷肥用量，增施钾肥，补施硼肥和锌肥等微量元素肥料。在增施有机肥、实施秸秆还田的基础上，推广应用专用复合肥。

二、土壤养分现状及时空演变状况

1. 有机质

土壤有机质中含有植物所需要的各种营养元素，是土壤肥力的主要物质基础。土壤有机质含量高低，在一定程度上反映土壤肥力水平。耕地地力评价分析结果表明，萧山区土壤有机质含量总体水平较高。根据对全区1 233

个土壤样本（代表面积81.33万亩）测定结果，全区土壤有机质平均含量为22.71g/kg，最高位68.84g/kg，最低仅为6.38g/kg，标准差为11.93，变异系数为0.53。其中有机质含量小于等于10g/kg的占1.5%；有机质含量在10~20g/kg的田块数量最多，占64.8%；有机质含量在20~30g/kg的占8.5%；有机质含量在30~40g/kg的占8.5%；有机质含量大于40g/kg的占16.7%（图3-1）。如以有机质含量15g/kg为标准，则低于这个标准的田地面积为30.23万亩，占耕地地力评价总面积的37.2%。本次耕地地力评价结果与1984年的第二次土壤普查结果相比，有机质含量水平出现了总体上的提升，其中有机质含量低于15g/kg的耕地由原来的49.52%下降到本次的37.2%。有机质含量大于30g/kg的耕地面积则稍有下降，由1984年的28.97%下降到本次的25.2%。

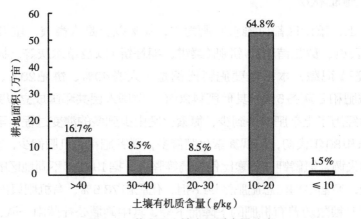

图3-1　萧山区土壤有机质含量分布

不同地貌类型土壤有机质的含量也大不相同。本次调查结果表明，水网平原、河谷平原、河谷平原大畈以及低丘地貌的潮土及水稻土等耕地有机质含量均显著高于滨海平原的钙质潮土和盐土，这与第二次土壤普查结果类似（表3-1）。

表3-1　萧山区不同地貌类型土壤有机质含量　　　　　　单位：g/kg

地貌类型	最小值	最大值	平均值	标准差	变异系数
水网平原	12.16	68.84	39.42	9.46	0.24
滨海平原	6.38	29.2	16.29	3.12	0.19
河谷平原大畈	22.68	52.21	42.14	4.76	0.11
河谷平原	22.73	64.47	44.21	6.84	0.15
低丘	35.83	47.81	39.56	2.5	0.06

不同土种有机质含量也有较大不同，本次调查发现泥筋田、烂青粉泥田、青紫泥田有机质含量最高，平均值超过50g/kg。滨海盐土中的中咸砂土、涂砂田以及流板砂等有机质含量最低，平均值均低于15g/kg。在地区分布上，土壤有机质含量也存在着较大差异，总体上呈现南部稻作区高于中部稻作区，又高于北部滨海平原区，老滨海平原又高于新垦海涂，表现出由南向北递减的趋势（表3-2）。

表3-2 萧山区不同乡镇（街道）土壤有机质含量 单位：g/kg

乡镇	最小值	最大值	平均值	标准差	变异系数
进化镇	32.25	68.84	48.84	5.64	0.12
戴村镇	32.67	57.57	45.69	2.74	0.06
楼塔镇	29.21	64.47	43.94	6.36	0.14
浦阳镇	27.8	57.25	43.26	3.7	0.09
临浦镇	32.58	66.96	41.84	3.78	0.09
河上镇	22.68	52.21	40.6	5.05	0.12
义桥镇	24.1	51.42	38.36	4.45	0.12
所前镇	19.01	51.59	37.33	4.64	0.12
衙前镇	17.96	32.98	25.09	2.9	0.12
党山镇	10.14	29.2	19.92	3.97	0.2
益农镇	10.44	26.18	18.46	2.75	0.15
瓜沥镇	10.62	35.22	18.44	3.63	0.2
南阳街道	10.25	27.32	17.89	2.4	0.13
靖江街道	10.73	23.06	17.32	1.58	0.09
党湾镇	7.71	23.3	16.65	2.98	0.18
前进街道	9.81	24.67	16.43	2.11	0.13
坎山镇	10.42	28.49	16.33	2.4	0.15
新街镇	9.59	25.27	15.56	2.57	0.17
新湾街道	9.41	22.95	15.37	1.68	0.11
义蓬街道	6.38	24.93	15.13	2.51	0.17
河庄街道	10.48	25.17	15.09	2.18	0.14
临江街道	7.32	24.69	14.7	3.27	0.22
农场区	11.43	18.71	14.49	1.92	0.13
围垦区	7.9	23.1	14	2.94	0.21

土壤有机质含量的高低与土壤质地密切相关。质地黏重的土壤保肥能力强，通气性差，土壤水分含量较高，好气性微生物的活动在一定程度上受抑制，有机质分解速度缓慢，矿化率低，容易累积，故土壤中有机质含量较高，

如河谷平原及水网平原土壤。相反，质地轻的土壤保肥能力弱，养分流失量大，通透性良好，微生物对有机质的分解比较旺盛，有机质不容易累积，故含量往往偏低，如滨海平原土壤。

此外，土壤有机质含量和当地耕作和施肥水平、肥料结构有很大关系。精耕细作的土壤因注重施用有机肥料，特别是秸秆还田，土壤有机质含量较高。而粗放耕作的土壤有机肥施用量少，所以土壤有机质含量较低。种植利用方式对土壤有机质含量也有较大影响，一般旱作为主的土壤由于有机质分解速度快，含量明显低于以水耕水作为主的水田土壤。

2. 全氮

土壤氮素的总贮藏量及供应强度，与植物生长繁茂程度关系极大。土壤全氮是氮素供应的容量指标，碱解氮是氮素供应的强度指标。根据对全区1 233个土壤样本（代表面积81.33万亩）测定结果，全区土壤全氮平均含量为1.51g/kg，总体水平较高。其中最高值达到13.50g/kg，最低值为0.25g/kg，标准差为0.83，变异系数0.44。调查样本中，全氮含量低于0.5g/kg的占总面积的7.9%；含量0.5~1.0g/kg的占31%；含量1.0~1.5g/kg的占27.3%；含量1.5~2.0g/kg的占12.2%；含量2.0~2.5g/kg的占10.2%；含量2.5~3.0g/kg的占6.4%；含量大于3.0g/kg的占5%（图3-2）。

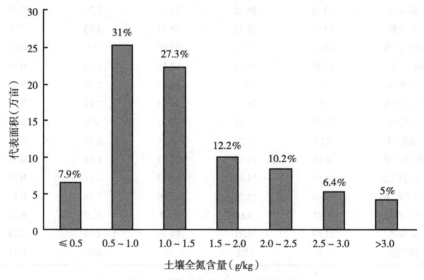

图3-2　萧山区土壤全氮含量分布

本次调查与以往的调查数据相比，全氮含量变化不大。1993—1995年萧山土壤养分复查，据88个耕层土样全氮分析测定，平均含量为1.53g/kg。

其中全氮含量平均值大于2.0g/kg的占31.8％，面积超过本次调查数据；含量平均值在1.0~2.0g/kg的占35.2％，与本次持平；含量平均值在1.0g/kg以下的占33％，低于本次调查数据。本次结果与第二次土壤普查数据比较，无论是全区的全氮平均含量还是大于2.0g/kg含量的土样数均较低。

从不同地貌类型土壤全氮含量来看，水网平原、河谷平原和河谷平原大畈平均全氮含量较高，均大于2.0g/kg；滨海平原土壤平均全氮含量最低，为1.1g/kg。此调查结果与1982年的土壤普查结果十分类似。土壤全氮含量受施肥、耕作、土壤性质等一系列外界条件的影响，大量研究表明，土壤全氮含量与土壤有机质含量有很大的相关关系，这在本次耕地地力评价调查中也有很好的体现（表3-3）。

表3-3　萧山区不同地貌类型土壤全氮含量　　　　单位：g/kg

地貌类型	最小值	最大值	平均值	标准差	变异系数
水网平原	0.67	13.5	2.38	0.93	0.39
滨海平原	0.25	5.05	1.1	0.39	0.36
河谷平原大畈	0.93	3.19	2.5	0.53	0.21
河谷平原	1.41	4.24	2.42	0.62	0.26
低丘	1.6	2	1.76	0.14	0.08

不同乡镇土壤全氮含量也有很大差异，但趋势与土壤有机质分布基本相同，主要受土壤质地、经营模式等影响。从表3-4可以看出，南部稻作区土壤全氮含量普遍较高，而东部沿海围垦区则含量较低。另外，不同的种植结构对土壤全氮平均含量影响也较大，如蔬菜的种植过程中化肥施用量较高，也是部分乡镇土壤全氮含量总体较高的原因之一。

表3-4　萧山区不同乡镇（街道）土壤全氮含量　　　　单位：g/kg

乡镇	最小值	最大值	平均值	标准差	变异系数
进化镇	1.66	5.28	2.76	0.72	0.26
所前镇	1.19	13.5	2.68	1.76	0.66
临浦镇	0.78	3.87	2.55	0.47	0.18
浦阳镇	1.24	3.67	2.45	0.42	0.17
义桥镇	0.78	3.87	2.36	0.53	0.22
河上镇	0.93	3.19	2.35	0.6	0.26
戴村镇	0.93	3.98	2.25	0.85	0.38
楼塔镇	1.56	3.1	2.17	0.47	0.22

（续表）

乡镇	最小值	最大值	平均值	标准差	变异系数
衙前镇	0.77	2.39	1.75	0.52	0.3
瓜沥镇	0.63	2.87	1.33	0.4	0.3
益农镇	0.45	2.3	1.27	0.38	0.3
南阳街道	0.56	2.22	1.26	0.4	0.32
靖江街道	0.47	2.98	1.24	0.38	0.31
党山镇	0.45	2.11	1.22	0.44	0.36
党湾镇	0.5	2.98	1.16	0.33	0.29
河庄街道	0.28	1.64	1.15	0.34	0.3
坎山镇	0.45	5.05	1.15	0.53	0.46
义蓬街道	0.38	2.08	1.12	0.28	0.25
新湾街道	0.43	1.61	1.03	0.24	0.23
农场区	0.6	5.05	0.98	0.71	0.73
宁围镇	0.25	2.41	0.97	0.33	0.34
新街镇	0.43	2.05	0.97	0.38	0.39
前进街道	0.43	1.4	0.92	0.18	0.2
临江街道	0.3	1.31	0.83	0.26	0.31
围垦区	0.25	1.55	0.69	0.26	0.38

3. 有效磷

根据对全区842个土壤样本（代表面积58.78万亩）的有效磷（Olsen法）测定结果，全区土壤有效磷平均含量为34.22mg/kg，总体较为丰富。但是，不同样本之间的差异巨大，含量最高的达到了236.77mg/kg，含量最低的只有3.39mg/kg，标准差为19.06mg/kg，变异系数0.56。土壤有效磷分布很不均匀，其中面积最多的是有效磷含量小于等于5mg/kg的和有效磷含量大于40mg/kg的耕地，分别占调查面积的27.7%和26.9%。总体来看，大多数耕地土壤有效磷含量均高于20mg/kg，基本满足作物生长需要（图3-3）。

根据对全区391个土壤样本（代表面积22.55万亩）的有效磷（Bray法）测定结果，全区土壤有效磷平均含量为19.41mg/kg，总体水平一般。不同样本之间的差异也很巨大，含量最高的为122.94mg/kg，含量最低的只有2.11mg/kg，标准差为15.85mg/kg，变异系数0.82。绝大多数测定样点土壤有效磷含量小于等于7mg/kg，占调查面积的73.9%，说明在萧山区南部地区，土壤有效磷总体较缺，需要增加磷肥的施用（图3-4）。与1984年第二次土壤普查结果相比，本次调查土壤有效磷含量均显著增加，这与目前

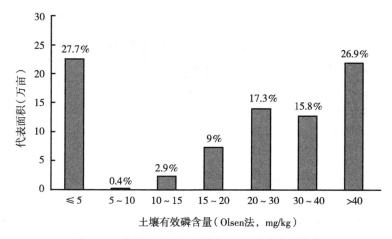

图3-3　萧山区土壤有效磷（Olsen法）含量分布

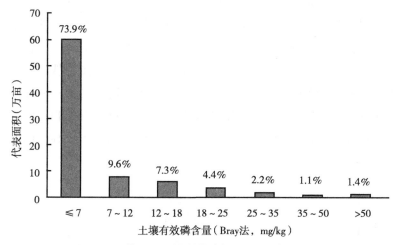

图3-4　萧山区土壤有效磷（Bray法）含量分布

各种种植业中大量复合肥的施用有很大关系。另外，土壤有效磷含量受土壤酸碱度所控制，本次调查中发现南部地区土壤有效磷含量均较低，这与1984年土壤普查结果相同，说明在南部酸性土壤上，铁、铝离子对磷的固定起着重要作用。值得注意的是，与以前的结果不同，本次调查发现本区东部滨海平原有效磷平均含量非常高。东片地区地多人少，耕地集中平坦，机械化程度高，萧山区的国家级农业经济开发区、大部分国营农场和种植大户都集中于此地，蔬菜、瓜果、鲜食大豆和玉米、花卉苗木、棉花、水产等也集中于东片，是本区的主要农产品商品生产基地和加工出口基地。由于人为的集约经营和大量施肥，该片地区土壤有效磷含量呈现出显著的上升趋势（表3-5）。

表3-5　萧山区土壤有效磷含量变化　　　　　　　　　单位：mg/kg

地貌类型	2012年	1984年
水网平原	20.96	11
滨海平原	44.87	8~10
河谷平原大畈	12.29	—
河谷平原	12.89	6~9
低丘	17.24	<5

4.速效钾

钾是植物的主要养分，土壤中的钾包括矿物钾、缓效钾和速效钾，其中只有速效钾能被作物吸收利用，所以速效钾是反映土壤对作物供钾水平的主要指标。根据对全区1 233个土壤样本（代表面积81.33万亩）测定结果，全区土壤速效钾平均含量74.96mg/kg，土壤速效钾含量中等。不同采样点之间土壤速效钾含量存在一定差异，含量最高的达312.00mg/kg，含量最低的为24.00mg/kg，标准差为29.61mg/kg，变异系数0.40。从不同的含量范围来看，速效钾含量小于等于30mg/kg的最少，仅占0.1%；速效钾含量在30~60mg/kg的占27.8%；速效钾含量在60~100mg/kg的占52.5%；速效钾含量在100~150mg/kg的占16.7%；速效钾含量大于150mg/kg的占2.8%（图3-5）。

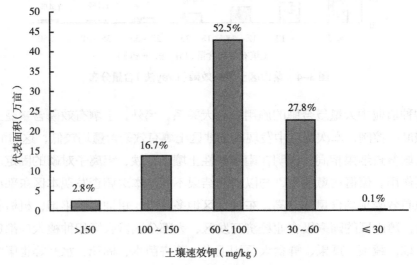

图3-5　萧山区土壤速效钾含量分布

本次耕地地力评价调查的土壤速效钾平均含量与第二次土壤普查时持平，均高于1993—1995年萧山土壤养分复查数据。土壤养分复查时，据217个土样测定，土壤速效钾含量平均为57mg/kg，与第二次土壤普查时比较，含量平均下降16mg/kg，其中以旱地土壤下降幅度最大，水田土壤次之。水田和旱地土壤速效钾含量大部分小于100mg/kg。据176个土样测定结果，土壤速效钾含量小于50mg/kg的占53.4%，50~80mg/kg的占43.2%，80~100mg/kg的占2.8%，大于100mg/kg的占0.6%，其中速效钾含量小于60mg/kg的田块由原来的49.45%上升到62.68%。本次耕地地力评价中，速效钾含量大于100mg/kg的耕地面积占全区总面积的19.5%，比例高于以往的调查数据；含量在60~100mg/kg的耕地面积占全区总面积的52.5%，明显高于以往的调查数据；含量低于60mg/kg的耕地面积则明显下降，只有27.9%，说明本区土壤钾素情况总体良好。

不同土种土壤速效钾含量在近20年来也发生了较大变化，养分复查结果表明，咸砂土属中的重咸砂土速效钾含量从1982年普查时的131mg/kg下降到1995年的50mg/kg，轻咸砂土从69mg/kg下降到39mg/kg。针对几个主要土种的速效钾含量比较，结果显示，除了重咸砂土含量降低外，其他均有不同程度的增加（表3-6）。

表3-6　主要土种速效钾下降情况　　　　　　　　　　单位：mg/kg

主要土种	1982年	1995年	2012年
重咸砂土	131	50	79
中咸砂土	87	43	79
轻咸砂土	69	39	75
流砂板土	67	42	67
潮闭土	50	34	64
小粉泥田	73	63	86
小粉田	58	54	82

与第二次土壤普查结果相反的是，本次调查发现河谷平原及水网平原的土壤速效钾含量较高，而滨海平原的土壤速效钾含量相对较低，但是与河谷平原大畈和低丘土壤速效钾含量相差不大（表3-7）。土壤钾素含量的高低与成土母质和施肥有很大的关系。滨海平原发育于浅海沉积母质的土壤，其中含有大量的含钾矿物，风化后释放出大量的钾素。但是，随着利用年份的增长，加之复种指数提高，农作物每年从土壤中带走大量的钾素，导致土壤钾

素有较大幅度的下降。而原本速效钾相对含量较低的河谷平原和水网平原，由于在长期的水稻以及其他经济作物种植过程中注重氮磷钾平衡施肥，钾素得到有效补充，土壤速效钾含量相对增加。

表3-7　不同地貌类型土壤速效钾含量　　　　　　单位：mg/kg

地貌类型	最小值	最大值	平均值	标准差	变异系数
水网平原	25	293	84.54	23.36	0.28
滨海平原	24	312	71.91	31.02	0.43
河谷平原大畈	39	138	72.46	14.66	0.2
河谷平原	36	262	86.39	24.4	0.28
低丘	32	132	72.87	24.44	0.34

第二节　中量元素

根据对全区899个土壤样本（代表面积66.63万亩）测定结果，全区土壤交换性镁平均含量为639.85mg/kg，最低为61.40mg/kg，最高为3 048mg/kg，标准差570.02mg/kg，变异系数0.89。其中交换性镁含量小于25mg/kg的占18.07%；交换性镁含量在25~50mg/kg的面积为0；交换性镁含量在50~100mg/kg的占0.54%；交换性镁含量在100~200mg/kg的占10.77%；交换性镁含量在200~300mg/kg的占23.83%；交换性镁含量在300~500mg/kg的占18.55%；交换性镁含量大于500mg/kg的样地占28.24%（图3-6）。

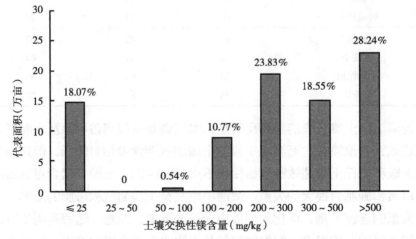

图3-6　萧山区土壤交换性镁含量分布

　　全区土壤交换性镁含量总体较高，其中含量最高的是滨海平原地区的耕地土壤，这与土壤形成过程有很大关系；河谷平原地区耕地交换性镁含量也相对较高，而低丘土壤含量最低（表3-8）。

表3-8　不同地貌类型土壤交换性镁含量　　　　单位：mg/kg

地貌类型	最小值	最大值	平均值	标准差	变异系数
滨海平原	61.4	3 048	695.23	660.68	0.95
低丘	336.95	336.95	336.95	—	—
河谷平原	129.6	1 056	614.05	266.13	0.43
河谷平原大畈	81.5	960	458.72	189.83	0.41
水网平原	116.8	2 808	517.26	267.69	0.52

　　从不同土种土壤交换性镁含量分布看，尽管滨海平原的土种总体上含量较高，但是一些水网平原及河谷平原的土壤交换性镁含量也较丰富，可能是受施肥、成土母质等的影响较大（表3-9）。

表3-9　不同土种交换性镁含量　　　　单位：mg/kg

土种	最小值	最大值	平均值	标准差	变异系数
潮闭田	154.3	1 632	904.38	605.99	0.67
烂泥砂田	840	1 032	904	110.85	0.12
黄大泥田	501.1	1 056	812.64	212.74	0.26
流砂板土	109.4	3 048	799.99	766.52	0.96
轻咸砂土	78.2	2 736	782.7	651.18	0.83
青泥田	720	816	768	67.88	0.09
烂青粉泥田	346.8	1 128	757.98	212.52	0.28
潮闭土	148.4	2 520	669.83	610.39	0.91
黄泥砂土	243.7	816	625.02	170.75	0.27
死泥田	624	624	624	—	—
泥砂田	302.39	1 008	601.84	266.91	0.44
黄砾泥	600	600	600	—	—
青紫泥田	170.2	816	544.73	335.06	0.62
中咸砂土	61.4	1 783.51	523.59	433.97	0.83
青粉泥田	143.9	816	522.25	216.97	0.42
小粉田	129.6	1 008	518.13	180.69	0.35
小粉泥田	203.4	2 808	514.31	447.86	0.87
泥质田	186.1	960	495.11	190.82	0.39
砂田	480	480	480	—	—

（续表）

土种	最小值	最大值	平均值	标准差	变异系数
黄泥砂田	81.5	768	473.11	207.96	0.44
粉砂田	163.6	984	468.11	276.96	0.59
黄斑田	202	744	448.73	265.13	0.59
黄化小粉田	154.9	600	398.55	194.44	0.49
青塥小粉田	229.8	624	352.9	162.72	0.46
培泥砂田	162.8	504	327.25	160.12	0.49
黄粉泥田	116.8	528	318.83	190.81	0.6
重咸砂土	94.9	1 302.89	301.13	230.39	0.77
培泥土	217.1	228.1	222.6	7.78	0.03

第三节　微量元素

一、土壤有效铁

根据1993—1995年萧山区土壤养分复查资料，本区土壤有效铁含量为12.3～279mg/kg，平均70.6mg/kg，大大高于2.5mg/kg（有效铁含量低的标准）。土壤有效铁含量除了与成土母质有很大关系外，还主要与土壤pH值、氧化还原电位以及土壤有机质含量等有密切关系，一般在盐碱土、碱性反映强烈土壤、施用大量磷肥土壤、风沙土和肥力较低的砂土上容易发生缺铁。

二、土壤有效锰

根据对全区899个土壤样本（代表面积66.63万亩）测定结果，全区土壤有效锰平均含量13.35mg/kg，总体含量偏低，标准差为13.96mg/kg，变异系数为1.05。其中，含量最低的仅为0.70mg/kg，属于严重缺锰，而含量最高的为156.74mg/kg，可能会导致锰中毒。在所测土样中，有效锰含量小于等于4.0mg/kg的占37.4%；有效锰含量在4.0～15.0mg/kg的占41.5%；有效锰含量在15.0～30.0mg/kg的占13.3%；有效锰含量在30.0～50.0mg/kg的占5.9%；有效锰含量大于50.0mg/kg的占1.9%（图3-7）。

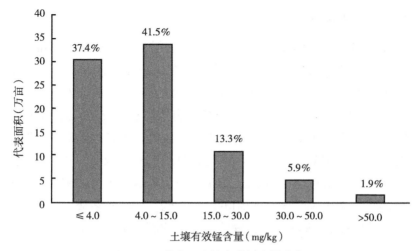

图3-7 萧山区土壤有效锰含量分布

土壤有效锰含量除了取决于土壤母质外,主要与土壤pH值和氧化还原电位有密切联系。从不同地形地貌耕地土壤有效锰含量可以看出,处于河谷平原、河谷平原大畈以及水网平原的耕地,由于土壤质地黏重,水分充足,加之主要种植水稻,土壤氧化还原电位比滨海平原地区砂性土要低,因此,有效锰含量也相应提高。另一方面,滨海平原耕地较高的土壤pH值也是土壤有效锰含量降低的主要影响因素之一(表3-10)。

表3-10 不同地貌类型土壤有效锰含量　　　　　单位:mg/kg

地貌类型	最小值	最大值	平均值	标准差	变异系数
滨海平原	0.7	41.15	6.98	5.49	0.79
低丘	2.86	2.86	2.86	—	—
河谷平原	5.42	156.74	28.05	24.84	0.89
河谷平原大畈	4	79.9	31.96	15.29	0.48
水网平原	2.3	94.1	26.14	14.85	0.57

1993—1995年萧山土壤养分复查时全市有效锰含量在5.0~151mg/kg,平均为30.8mg/kg,其中小于等于5.0mg/kg的占1.8%,缺锰面积较少,而本次调查发现缺锰面积较大幅度上升。本次耕地地力评价调查结果与复查时土壤有效锰的分布趋势较为类似。各土种间,同样是以咸砂土有效锰含量较低,分别为轻咸砂土有效锰含量为14.3mg/kg,中咸砂土有效锰含量为8.5mg/kg,重咸砂土有效锰含量为8.9mg/kg。

三、土壤有效铜

据1993—1995年萧山区土壤养分复查资料，土壤有效铜含量在0.27~10mg/kg，平均为3.12mg/kg，其中含量在0.2~1mg/kg的占14%。山地土壤有效铜含量较低，为1.62mg/kg；旱地土壤次之，为2.7mg/kg；水田土壤有效铜含量较高为6.09mg/kg，总体有效铜含量较高。土壤有效铜主要受地区农业生产管理措施的改变以及工业发展等的外在因素影响，继而改变土壤性质（pH值降低、有机质含量增加等）从而发生改变。同时，工业、农业和城市活动带来的废弃物进入土壤中，也可导致土壤有效铜含量增加。除却工业污染外，在农业种植中使用的含铜农药，如波尔多液，以及施用大量的畜禽粪便等有机肥等都可能会导致土壤有效铜含量的增加，甚至造成土壤污染。

四、土壤有效锌

根据对全区899个土壤样本（代表面积66.63万亩）测定结果，全区土壤有效锌平均含量为3.89mg/kg，总体含量较高，标准差为4.73mg/kg，变异系数为1.21。其中，含量最低的仅为0.30mg/kg，属于严重缺锌土壤，需要施用锌肥，而含量最高的为94.07mg/kg，已经形成较严重的土壤污染。在所测土样中，有效锌含量小于等于0.5mg/kg的占19.2%；有效锌含量在0.5~1.0mg/kg的占12.9%；有效锌含量在1.0~2.0mg/kg的占19.0%；有效锌含量在2.0~4.0mg/kg的占23.7%；有效锌含量大于4.0mg/kg的占25.1%（图3-8）。

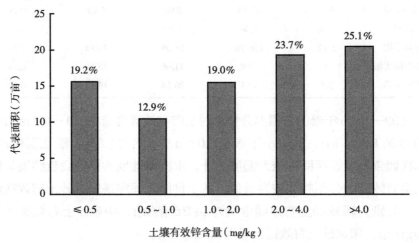

图3-8　萧山区土壤有效锌含量分布

第二次土壤普查时，全区土壤有效锌含量平均为1.726mg/kg。1993—1995年土壤养分复查时，萧山区土壤有效锌的含量平均为1.8mg/kg，高于缺锌临界值。旱地土壤有效锌含量较低，平均含量为1.45mg/kg；水田土壤次之，平均含量为2.12mg/kg；山地土壤最高，平均含量为2.76mg/kg。与以前相比，本次耕地地力评价调查发现，萧山区土壤有效锌平均含量有较大幅度的上升趋势。土壤有效锌含量与土壤本身的理化性质如pH值，有机质含量等有较大关系，萧山区中部及南部地区的河谷平原、河谷平原大畈以及水网平原等土壤有效锌平均含量较高，这与较低的土壤pH值和较高的有机质含量有很大关系（表3–11）。另外，近年来土壤锌主要来源于施肥和工业污染，如前面所述的畜禽粪便施用等以及工业废弃物的排放，这也是值得我们警惕的。

表3–11　不同地貌类型土壤有效锌含量　　　　单位：mg/kg

地貌类型	最小值	最大值	平均值	标准差	变异系数
滨海平原	0.3	94.07	2.76	4.56	1.66
低丘	3.34	3.34	3.34	—	—
河谷平原	1.12	19.4	5.59	3.84	0.69
河谷平原大畈	1.54	13.32	5.09	2.99	0.59
水网平原	0.71	28.85	6.65	4.28	0.64

五、土壤水溶态硼

根据对全区899个土壤样本（代表面积66.63万亩）测定结果，全区土壤水溶态硼平均含量为0.63mg/kg，总体含量中等，标准差为0.35mg/kg，变异系数为0.56。其中，含量最低的仅为0.10mg/kg，属于严重缺硼土壤，需要施用硼肥，而含量最高的为3.56mg/kg，土壤硼含量非常丰富。不同地貌类型土壤水溶态硼含量也不一致，滨海平原耕地土壤水溶态硼含量最高，为0.69mg/kg；其次为水网平原和河谷平原大畈，分别为0.5mg/kg和0.47mg/kg（表3–12）。1984年第二次土壤普查数据表明，全区水田的水溶态硼平均含量为0.393mg/kg，旱地为0.507mg/kg，山地仅为0.1mg/kg。本次调查，土壤水溶态硼含量有明显的升高趋势，这主要是注重施用硼肥的结果，特别是在一些需硼作物如油菜上施用硼肥。

表3-12　不同地貌类型土壤水溶态硼含量　　　　单位：mg/kg

地貌类型	最小值	最大值	平均值	标准差	变异系数
滨海平原	0.12	3.56	0.69	0.35	0.5
低丘	0.28	0.28	0.28	—	—
河谷平原	0.1	0.86	0.39	0.22	0.56
河谷平原大畈	0.11	1.26	0.47	0.25	0.52
水网平原	0.1	2.18	0.5	0.33	0.65

第四节　其他属性

一、土壤酸碱度（pH值）

由于萧山区特殊的地理位置，全区土壤pH值差异巨大。测定结果表明，全区pH值最低为4.70，最高为8.90。耕地土壤的酸碱度取决于成土母质和成土条件，然后更加受到人为耕作的影响，如作物、施肥等。萧山区土壤酸碱度总体上呈现出由滨海至低山丘陵，土壤pH值逐步下降的趋势。南部的乡镇如义桥镇、浦阳镇、楼塔镇、河上镇等土壤pH值大多处于4.7~6.8，而东部的乡镇如临江街道、围垦区、前进街道、南阳街道等土壤pH值均在7.0~9.0，明显高于南部地区（表3-13）。

表3-13　萧山区各乡镇（街道）土壤pH值范围

乡镇（街道）	pH值		乡镇（街道）	pH值	
	最小值	最大值		最小值	最大值
临江街道	7.7	8.5	河庄街道	5.9	8
围垦区	7.6	8.5	瓜沥镇	5.4	8.2
前进街道	7.5	8.2	戴村镇	5.3	6.1
南阳街道	7.4	8.6	坎山镇	5.3	8.2
党山镇	7.3	8.5	临浦镇	5.3	6.5
党湾镇	7.3	8.6	进化镇	5	6.7
义蓬街道	7.3	8.5	浦阳镇	5	6.5
益农镇	7.3	8.2	河上镇	4.9	6.2
农场区	7.2	7.7	所前镇	4.9	6.4
新湾街道	7.2	8.5	衙前镇	4.9	7.5
宁围镇	7.1	7.9	义桥镇	4.9	6.8
靖江街道	6.9	8.3	楼塔镇	4.7	6.8
新街镇	6.9	8.9			

　　耕地土壤的酸碱度可以在长期的人为活动干扰下，随着熟化程度的提高，不论其母质来源是强酸性或碱性，都逐渐趋向中性或偏酸性。1993—1995年萧山区土壤养分复查时，从总体结果来看，全区各类土壤的酸碱度基本能适应农作物的生长。其中山地土壤pH值小于4.5的占25%，旱地土壤pH值大于6.5的占26.5%，比1982年有较大幅度的提高（表3–14）。本次调查也发现类似的结果，与养分复查时的结果相比，本次没有发现pH值低于4.5的土壤，pH值高于8.5的土壤也较少，仅占全区调查面积的0.01%左右。但是也要看到，本区绝大多数土壤的pH值集中在7.5～8.5，占调查总面积的61.4%，可见本区大多数土壤还是中性偏碱（图3–9）。总体来看，本区耕地土壤没有出现过酸或者过碱的现象，基本符合大多作物生长对土壤酸碱度的要求。

表3–14　20世纪80年代萧山区土壤pH值分布（1982年）

类型	范围	<4.5	4.5～5.5	5.5～6.5	6.5～7.5	7.5～8.5
山地	4.1～7.6	25%	41%	25%	6.8%	2.2%
水田	4.9～8.0	—	19.3%	51.3%	17.9%	11.5%
旱地	6.8～8.2	—	—	73.5%	26.5%	—

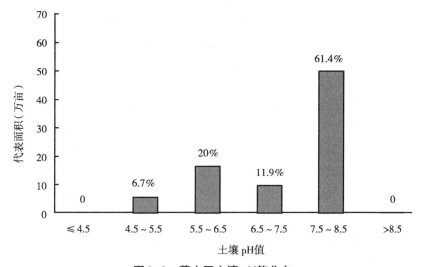

图3–9　萧山区土壤pH值分布

二、土壤水溶性盐总量

　　根据对全区803个土壤样本（代表面积75.68万亩）测定结果，全区土壤水溶性盐平均含量0.76g/kg，其中含量最低的为0.11g/kg，对作物没有盐害，含量最高的为4.17g/kg，属于中度盐土范畴，对盐分敏感作物会影响产量，而对耐盐作物如苜蓿、棉花等无明显影响。没有含盐量大于5g/kg的重盐土。其中绝大多数耕地含盐量小于等于1g/kg，占83.9%；含盐量在1~2g/kg的占15.7%；含盐量在2~3g/kg的占0.4%；含盐量在3~4g/kg的占0.1%；含盐量在4~5g/kg的仅有零星分布，不到0.1%；没有含盐量大于5g/kg的耕地（图3-10）。综合来看，全区总体情况较好，但是不同区域不同土壤类别差异很大。

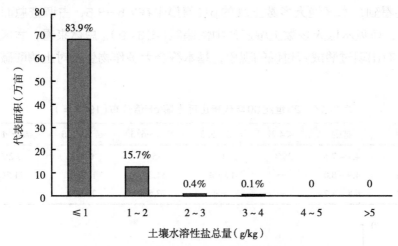

图3-10 萧山区土壤水溶性盐总量分布

从不同镇、街道土壤水溶性盐含量调查结果来看，含量最高的是前进街道、益农镇和临江街道，分别为1.11g/kg、1.04g/kg和1.02g/kg，属于盐渍化土壤范畴。这3个区域均是由海涂围垦而来，土壤母质为受涌潮顶托及盐分滞凝作用而回溯沉降的浅海泥沙，由于形成历史较其他区域而言较短，最新的则只有几年至几十年，因此土壤含盐量较高。虽经历较长时间的洗盐、排盐过程，但是由于本底较高以及咸性地下水浸润，土壤水溶性盐总量仍然处于较高水平。而其他滨海平原地区都属于垦种历史在一、二百年的钙质潮土，属目前滨海土壤发育的高级阶段，土壤已基本脱盐、脱钙。随着开发利用的进展，各种作物的种植促进了生物成土作用，加上不断施入的大量化肥和有机肥，使得海涂母质逐渐脱去有害盐分，不断增加人为肥力，逐步发展成宜种性广泛的肥沃的农业土壤。本次调查在萧山区的南部地区也取了少数土样进行分析测试，结果表明土壤水溶性盐总量很低，对作物没有影响（表3-15）。

表3-15 萧山区各乡镇（街道）土壤水溶性盐总量　　　　　　单位：g/kg

乡镇（街道）	最小值	最大值	平均值	标准差	变异系数
前进街道	0.39	1.97	1.11	0.21	0.19
益农镇	0.28	4.17	1.04	0.52	0.5
临江街道	0.44	2.24	1.02	0.27	0.26
河庄街道	0.34	1.98	0.99	0.17	0.17
围垦区	0.2	2.09	0.92	0.38	0.42
党山镇	0.25	2.27	0.85	0.29	0.34
新湾街道	0.32	2.99	0.84	0.31	0.36
党湾镇	0.17	1.85	0.79	0.17	0.22
浦阳镇	0.56	0.98	0.76	0.09	0.11
宁围镇	0.31	3.23	0.73	0.29	0.39
进化镇	0.56	0.91	0.7	0.07	0.11
义蓬街道	0.2	1.5	0.7	0.19	0.27
义桥镇	0.56	0.87	0.69	0.1	0.15
河上镇	0.55	0.98	0.67	0.03	0.05
楼塔镇	0.55	0.97	0.67	0.07	0.11
新街镇	0.24	1.63	0.66	0.16	0.24
临浦镇	0.58	0.71	0.65	0.04	0.06
瓜沥镇	0.13	1.07	0.64	0.12	0.18
所前镇	0.48	0.78	0.64	0.05	0.07
南阳街道	0.24	1.12	0.62	0.1	0.16
戴村镇	0.55	0.86	0.61	0.04	0.07
衙前镇	0.32	0.74	0.61	0.06	0.1
农场区	0.36	0.93	0.57	0.08	0.14
靖江街道	0.11	1.37	0.52	0.18	0.35
坎山镇	0.21	0.83	0.49	0.07	0.15

三、土壤阳离子交换量

根据对全区1233个土壤样本(代表面积81.33万亩)测定结果，全区土壤阳离子交换量平均为11.73cmol/kg，标准差为3.70cmol/kg，变异系数为0.32，总体较低。其中，阳离子交换量最低的为2.93cmol/kg，而最高的达30.06cmol/kg。从含量分级来看，阳离子交换量小于等于5cmol/kg的占1.6%；阳离子交换量在5~10cmol/kg的占43.2%；阳离子交换量在10~15cmol/kg的占36.2%；阳离子交换量在15~20cmol/kg的占15.9%；阳离子交换量大于20.0cmol/kg的占3.1%（图3-11）。数据表明，萧山区绝大多数耕地土壤的阳离子交换量在5～15cmol/kg，水平较低。

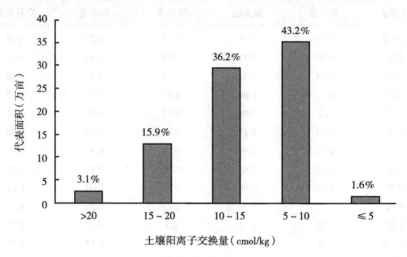

图3-11　萧山区土壤阳离子交换量分布

　　土壤阳离子交换量是影响土壤缓冲能力高低，也是评价土壤保肥能力、改良土壤和合理施肥的重要依据，其主要与土壤质地、土壤有机质含量以及土壤pH值有关。质地越黏重的土壤，其阳离子交换量往往较高；土壤有机质由于在土壤中形成大量的有机胶体，其胶体特性大于土壤的无机胶体，因此有机质含量较高的土壤阳离子交换量相应也较高；由于土壤胶体微粒表面的羟基（OH⁻）的解离受介质pH值的影响，当介质pH值降低时，土壤胶体微粒表面所负电荷也减少，其阳离子交换量也降低，反之就增大。分析表明，本区滨海平原土壤阳离子交换量总体较低，其他地区相差不大（表3-16）。不同质地土壤阳离子交换量调查结果也表明，黏壤土和黏土阳离子交换量明显高于砂壤土和砂土（表3-17）。

表3-16　不同地貌类型土壤阳离子交换量　　　　　单位：cmol/kg

地貌类型	最小值	最大值	平均值	标准差	变异系数
水网平原	6.12	27.08	15.8	2.73	0.17
滨海平原	2.93	21.94	10.12	2.38	0.24
河谷平原大畈	11.53	26.13	17.77	2.8	0.16
河谷平原	9.33	30.06	16.91	3.39	0.2
低丘	12.83	21.68	16.12	2.47	0.15

表3-17　不同耕层质地土壤阳离子交换量　　　　　　　　单位：cmol/kg

耕层质地	最小值	最大值	平均值	标准差	变异系数
黏壤土	10.06	27.08	17.32	2.58	0.15
壤土	4.6	28	14.55	3.11	0.21
砂壤土	3.49	30.06	10.93	2.52	0.23
黏土	6.12	27.63	16.97	3.22	0.19
砂土	2.93	21.94	9.56	2.25	0.24

四、土壤容重

根据对全区1 233个土壤样本（代表面积81.33万亩）测定结果，全区土壤容重平均为1.12 g/cm³，标准差为0.16，变异系数为0.14。其中，容重最低的仅为0.71 g/cm³，而容重最高的为1.32 g/cm³，属于较为理想的范畴。在所测土样中，土壤容重低于0.90 g/cm³的占23.2%；容重在0.90~1.10 g/cm³的占4.2%；容重在1.10~1.30 g/cm³的占72.5%；容重大于1.30 g/cm³的占0.2%（图3-12）。

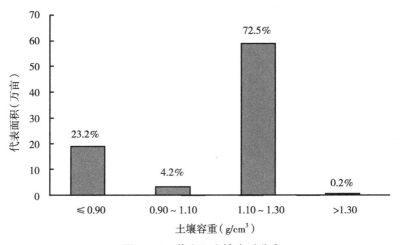

图3-12　萧山区土壤容重分布

调查结果表明，萧山区滨海平原土壤平均容重最大，为1.22 g/cm³，而低丘土壤容重最小，为0.81 g/cm³（表3-18）。土壤容重跟土壤质地有很大关系，同时又易受到人为干扰的影响，包括耕作和施肥等措施。土壤越疏松多孔，容重越小；土壤越紧实，容重越大。黏质土的容重小于砂质土；有机质含量高、结构性好的土壤容重小。此外，耕作可降低土壤容重。容重还可以作为熟化土壤的标志，由于萧山区水网平原、河谷平原等地土壤发育较好，加之有机质较高，因此，容重也小于滨海平原土壤。

表3-18 萧山区不同地貌类型土壤容重   单位：g/cm³

地貌类型	最小值	最大值	平均值	标准差	变异系数
水网平原	0.76	1.2	0.88	0.08	0.1
滨海平原	0.89	1.32	1.22	0.03	0.02
河谷平原大畈	0.81	0.93	0.86	0.02	0.02
河谷平原	0.71	1.11	0.85	0.05	0.06
低丘	0.76	0.85	0.81	0.02	0.03

第四章　耕地和园地地力

第一节　耕地和园地地力评价概况

一、耕地地力评价指标体系

耕地地力是指在特定气候区域以及地形、地貌、成土母质、土壤理化性状、农田基础设施及培肥水平等多要素综合构成的耕地生产能力，由立地条件、土壤条件、农田基础设施条件以及生产力水平等决定，是耕地内在的、基本素质的综合反映。耕地地力主要由三大因素决定：一是立地条件，就是与耕地地力直接相关的地形地貌及成土条件，包括成土时间与母质；二是土壤条件，包括土体构型、耕作层土壤的理化形状、土壤特殊理化指标；三是农田基础设施及培肥水平，包括土壤酸碱度和养分状况、农田水利设施和道路建设等。为了能准确地反映萧山区耕地地力水平，区分全区耕地地力等级，萧山区根据实际情况以及其他县市工作经验，并参照浙江省耕地地力分等定级方案，选择地貌类型、冬季地下水位、耕层厚度、耕层质地、剖面构型、容重、pH值、阳离子交换量、水溶性盐总量、有机质、有效磷、速效钾以及排涝抗旱能力13项因子参与评价。经过专家论证，对每个因子所占的权重及指标属性值分区间进行赋值，作为萧山区耕地地力评价的指标体系。

二、耕地地力分级面积

本次评价的全区农用地面积139.3万亩，占总面积的68.22%，其中耕地80.08万亩，园地3.67万亩，林地35.73万亩，其他农用地19.82万亩。其中，耕地以灌溉水田为主，为72.63万亩，占耕地面积的91.42%；其次是旱地，为6.73万亩，占耕地面积的7.46%；望天田为0.7万亩，占耕地面积的0.91%。近年来，耕地面积稍有调整，但总体变化不大。但由于个别镇街建设用地发展较快，特别是4个城区街道基本农田已外调，耕地面积减少，本次耕地地力分级面积为81.33万亩。

萧山区土壤类型主要为6类：红壤、黄壤、岩性土、潮土、盐土和水稻土，耕地土壤主要是水稻土、盐土以及钙质潮土。根据耕地生产性能综合指数（IFI），依据萧山区耕地地力评价等级划分标准，将耕地地力划分为3等6级：一等耕地、园地共25.15万亩，占耕地总面积的30.9％，其中一级耕地面积0.72万亩，占耕地总面积的0.9％；二级耕地面积24.44万亩，占耕地总面积的30.0％。二等耕地、园地共56.04万亩，占耕地总面积的68.9％，其中三级地力耕地面积25.75万亩，占耕地总面积的31.7％；四级地力耕地面积30.29万亩，占耕地总面积的37.2％。三等耕地和园地共1461亩，占耕地总面积的0.2％，全部为五级地力耕地（表4-1）。

表4-1　萧山区耕地和园地各等级面积统计表

		地块总数	所占比例（％）	总面积（亩）	所占比例（％）
合计		54 658	100	813 332	100
一等田		18 048	33	251 517	30.9
其中	一级	479	0.9	7 157	0.9
	二级	17 569	32.1	244 360	30.0
二等田		36 550	66.9	560 353	68.9
其中	三级	20 888	38.2	257 467	31.7
	四级	15 662	28.7	302 887	37.2
三等田		60	0.1	1 461	0.2
其中	五级	60	0.1	1 461	0.2
	六级	0	0	0	0

萧山区一等田分布面积最大的主要是戴村镇、临浦镇、浦阳镇、所前镇以及义桥镇等几个乡镇，面积均超过2万亩。一等一级耕地以临浦镇、义桥镇和衙前镇面积最大，分别为2 189.7亩、1 817.4亩和1 320.6亩，其他如瓜沥镇、戴村镇、进化镇、靖江街道、坎山镇、所前镇和新街镇都有一级耕地分布。一等二级耕地分布面积较大的乡镇包括义桥镇、所前镇、浦阳镇、临

浦镇和戴村镇，均超过2万亩。进化镇、坎山镇、宁围镇和新街镇等乡镇也有较大面积的二级耕地分布。

萧山区二等田分布面积最大的是围垦区，有12.73万亩耕地，其他的如益农镇、义蓬街道、党山镇、临江街道、河庄街道、新湾街道等也有较大面积分布。其中，三级耕地面积最大的为党山镇、党湾镇和围垦区，面积均超过2万亩。四级耕地面积最大的为围垦区，10.58万亩；其次是益农镇、义蓬街道、新湾街道、临江街道和盒装街道等地，均超过3万亩。

萧山区三等田分布面积较少，都为五级耕地，仅分布在个别乡镇街道。其中围垦区面积最大，为684.9亩；其次是临江街道和党湾镇，分别为393.9亩和240.3亩；前进街道有五级耕地141亩，河庄街道1.1亩（表4−2）。

萧山区不同地貌类型耕地地力分等定级结果表明，一等地力耕地中，水网平原所占比例最大，为54.2％，并且一等一级耕地全部属于水网平原；其次是滨海平原，占一等地力耕地的31.1％；二等地力耕地绝大多数都处于滨海平原，占二等耕地的90.7％，但是大多数为二等四级地力；三等地力耕地全部集中在滨海平原，都为三等五级耕地，没有三等六级耕地（表4−3）。

三、耕地地力分级土种构成

萧山区耕地和园地以盐土、潮土和水稻土为主，其中盐土面积最大。一级地力耕地土种主要为小粉田、小粉泥田、黄泥砂土和粉砂田；二级地力耕地、园地土种构成主要为小粉田，代表面积为5.54万亩；其次为流砂板土、潮闭土、黄泥砂土等。三级地力耕地、园地土种构成主要为流砂板土，代表面积8.52万亩，其次为中咸砂土，代表面积4.07万亩，另外潮闭土、轻咸砂土和重咸砂土等也有较大面积分布。四级地力耕地主要为中咸砂土，代表面积16.09万亩，其次为重咸砂土，代表面积8.27万亩，轻咸砂土和流砂板土分布面积也较大。五级地力耕地、园地土种主要为中咸砂土，面积1 220.8亩，流砂板土也有面积240.3亩的五级地力耕地（表4−4）。

表4-2 萧山区各乡镇耕地和园地地力评价分等定级情况统计表

镇街名称	地块数	面积(亩)	一等田(亩)	百分比(%)	其中		二等田(亩)	百分比(%)	其中		三等田(亩)	百分比(%)	其中	
					一级田(%)	二级田(%)			三级田(%)	四级田(%)			五级田(%)	六级田(%)
戴村镇	1 349	21 649	21 295	98.4	2.4	96	355	1.6	1.6	0				
党山镇	3 688	51 202	9 442	18.4	0	18.4	41 761	81.6	59.4	22.2				
党湾镇	3 537	32 330	5 958	18.4	0	18.4	26 132	80.8	71.1	9.7	240	0.7	0.7	0
瓜沥镇	2 629	24 980	13 460	53.9	2.5	51.4	11 520	46.1	46.1	0				
河上镇	1 289	21 198	11 131	52.5	0	52.5	10 067	47.5	47.2	0.3				
河庄街道	3 407	38 892					38 891	100	10.2	89.8	1.1	0	0	0
进化镇	2 595	37 018	17 692	47.8	0.3	47.5	19 326	52.2	51.3	0.9				
靖江街道	1 985	17 009	4 437	26.1	0.2	25.9	12 573	73.9	73.9	0				
坎山镇	2 361	23 468	15 361	65.5	1.1	64.3	8 107	34.5	34.5	0				
临江街道	1 550	40 384					39 990	99	9.7	89.4	394	1	1	0
临浦镇	1 869	26 322	24 939	94.7	8.3	86.4	1 383	5.3	5.3	0				
楼塔镇	966	15 326	10 395	67.8	0	67.8	4 931	32.2	32.2	0				
南阳街道	1 646	14 049	1 577	11.2	0	11.2	12 472	88.8	83.1	5.7				
宁围镇	2 347	31 420	15 541	49.5	0	49.5	15 879	50.5	50.4	0.2				

（续表）

镇街名称	地块数	面积（亩）	一等田（亩）	百分比（%）	其中		二等田（亩）	百分比（%）	其中		三等田（亩）	百分比（%）	其中	
					一级田（%）	二级田（%）			三级田（%）	四级田（%）			五级田（%）	六级田（%）
农场区	745	15 728	8 372	53.2	0	53.2	7 355	46.8	46.8	0				
浦阳镇	1 701	27 377	23 619	86.3	0	86.3	3 759	13.7	13.7	0				
前进街道	1 234	15 891					15 750	99.1	6.4	92.7	141	0.9	0.9	0
所前镇	1 286	25 925	21 080	81.3	0.2	81.1	4 845	18.7	18.7	0				
围垦区	2 179	128 000					127 315	99.5	16.8	82.7	685	0.5	0.5	0
新街镇	2 334	27 600	14 563	52.8	0.8	52	13 037	47.2	46.7	0.5				
新湾街道	2 986	36 697					36 697	100	13.4	86.6				
荷前镇	742	7 776	7 776	100	17	83								
义蓬街道	4 672	50 784	321	0.6	0	0.6	50 462	99.4	34.4	65				
义桥镇	1 685	31 619	24 121	76.3	5.7	70.5	7 497	23.7	23.6	0.1				
益农镇	3 876	50 688	438	0.9	0	0.9	50 251	99.1	38.8	60.3				
合计	54 658	813 331	251 517	30.9			560 353	68.9			1 461	0.2		

表 4-3　萧山区不同地貌类型耕地和园地地力评价分等定级情况统计表

地貌类型	地块数	面积（亩）	一等田（亩）	百分比（%）	其中		二等田（亩）	百分比（%）	其中		三等田（亩）	百分比（%）	其中	
					一级田（%）	二级田（%）			三级田（%）	四级田（%）			五级田（%）	六级田（%）
水网平原	9 871	153 623	136 366	88.8	4.5	84.3	17 257	11.2	11.2	0				
滨海平原	40 243	587 706	78 285	13.3	0	13.3	507 960	86.4	35	51.5	1 461	0.2	0.2	0
河谷平原大畈	1 434	22 521	17 511	77.8	0	77.8	5 010	22.2	22.2	0				
河谷平原	2 823	44 284	16 650	37.6	0	37.6	27 634	62.4	61.5	0.9				
低丘	287	5 197	2 705	52	0	52	2 492	48	48	0				
合计	54 658	813 332	251 517	30.9			560 353	68.9			1 461	0.2	0.2	0

表 4-4　萧山区各级地力耕地和园地主要土种一览表

土种	地块数	面积（亩）	一等田（亩）	百分比（%）	其中		二等田（亩）	百分比（%）	其中		三等田（亩）	百分比（%）	其中	
					一级田（%）	二级田（%）			三级田（%）	四级田（%）			五级田（%）	六级田（%）
半砂田	59	1 110	1 110	100	1.8	98.2								
潮闭田	135	987	382	38.7	0	38.7	606	61.3	58.6	2.7				
潮闭土	6 666	60 783	20 603	33.9	0.4	33.5	40 180	66.1	63.9	2.2				
粉砂田	699	7 739	6 488	83.8	13.3	70.5	1 251	16.2	11	5.2				
洪积泥砂田	145	1 626	1 568	96.5	0	96.5	58	3.5	3.5	0				
厚层耕作黄泥砂土	219	3 063	2 094	68.4	3.7	64.6	969	31.6	31.6	0				

（续表）

| 土　种 | 地块数 | 面积（亩） | 一等田（亩） | 百分比（%） | 其中 | | 二等田（亩） | 百分比（%） | 其中 | | 三等田（亩） | 百分比（%） | 其中 | |
					一级田（%）	二级田（%）			三级田（%）	四级田（%）			五级田（%）	六级田（%）
黄斑田	226	3 201	3 149	98.4	0	98.4	52	1.6	1.6	0				
黄大泥田	143	2 482	1 874	75.5	0	75.5	608	24.5	24.5	0				
黄粉泥田	459	7 711	4 852	62.9	0	62.9	2 859	37.1	37.1	0				
黄化小粉田	188	2 697	1 555	57.6	0	57.6	1 143	42.4	42.4	0				
黄砾泥	569	7 393	2 722	36.8	0.8	36	4 672	63.2	63	0.2				
黄泥砂田	583	9 018	5 551	61.6	0	61.6	3 467	38.4	38.4	0				
黄泥砂土	1 225	25 334	18 930	74.7	4.8	69.9	6 404	25.3	25.3	0				
黄泥土	459	5 724	4 748	82.9	0	82.9	977	17.1	17.1	0				
夹砂小粉田	85	1 023	678	66.3	0.5	65.8	344	33.7	33.7	0				
烂泥砂田	142	2 235	1 102	49.3	2.3	47.1	1 133	50.7	45.8	4.9				
烂青粉泥田	280	4 531	3 932	86.8	0	86.8	599	13.2	13.2	0				
流板砂	37	1 384					1 384	100	0	100				
流砂板土	14 988	146 479	31 834	21.7	0	21.7	114 406	78.1	58.2	19.9	240	0.2	0.2	0
泥砂田	612	9 139	5 349	58.5	0.1	58.4	3 790	41.5	41.5	0				
泥质田	510	9 127	6 257	68.6	0	68.6	2 870	31.4	31.4	0				
培泥砂田	276	9 705	6 415	66.1	1.4	64.7	3 290	33.9	33.6	0.3				
培泥土	83	1 565	807	51.6	1.7	49.9	758	48.4	48.4	0				

（续表）

土种	地块数	面积(亩)	一等田(亩)	百分比(%)	其中		二等田(亩)	百分比(%)	其中		三等田(亩)	百分比(%)	其中	
					一级田(%)	二级田(%)			三级田(%)	四级田(%)			五级田(%)	六级田(%)
青粉泥田	620	9 593	7 044	73.4	0.5	72.9	2 550	26.6	26.6	0				
青福小粉田	454	6 855	5 556	81.1	12.7	68.4	1 299	18.9	18.9	0				
青泥田	130	2 112	1 928	91.3	0	91.3	184	8.7	8.7	0				
青紫泥田	250	2 965	266	9	0	9	2 699	91	83.9	7.1				
轻咸砂土	5 680	61 210	11 175	18.3	0	18.3	50 035	81.7	38.5	43.3				
砂田	98	1 452	491	33.8	3.8	30.1	961	66.2	62.4	3.7				
山地黄泥土	7	800	773	96.5	0	96.5	28	3.5	3.5	0				
死泥田	184	3 514	2 933	83.5	0	83.5	582	16.5	16.5	0				
涂砂田	353	4 326	3 853	89.1	0	89.1	474	10.9	10.9	0				
小粉泥田	982	14 097	13 871	98.4	8.7	89.7	226	1.6	1.6	0				
小粉田	4 326	66 400	57 323	86.3	2.9	83.4	9 077	13.7	13.7	0				
油红泥	77	809	387	47.8	0.2	47.6	422	52.2	48.7	3.4				
中咸砂土	9 568	214 880	12 043	5.6	0	5.6	201 617	93.8	18.9	74.9	1 221	0.6	0.6	0
重咸砂土	2 896	97 415					97 415	100	15.1	84.9				
合计	54 658	813 332	251 517	30.9			560 353	68.9			1 461	0.2		

第二节　一级耕地地力

一、立地状况

1．面积与分布

一级地力耕地是地力最高的耕地，属于高产耕地，面积共7 157亩，占耕地、园地总面积的0.9%。一级耕地绝大多数分布在萧山区中部和南部的水网平原区，滨海平原也有少量面积分布。以临浦镇、义桥镇和衙前镇面积最大，分别为2 189.7亩、1 817.4亩和1 320.6亩，其他如瓜沥镇、戴村镇、进化镇、靖江街道、坎山镇、所前镇和新街镇都有一级耕地分布。

2．基本属性

一级地力耕地土层深厚肥沃，农业发展历史较早，精耕细作，土壤受人为影响明显。土壤熟化程度高，剖面发育完整。农作制度以水稻种植为主。

二、理化性状

1．容重

萧山区一级地力耕地土壤容重在0.83~1.24g/cm³，平均0.94g/cm³，标准差为0.10，变异系数为0.11，总体容重较为适中。其中，容重小于等于0.9g/cm³的面积为3 250.8亩，占全区一级耕地的45.4%；容重在0.9~1.1g/cm³的面积为3 662.2亩，占一级耕地的51.2%；容重在1.1~1.3g/cm³的面积为244.1亩，占一级耕地的3.4%；没有容重大于1.3g/cm³的一级地力耕地。

2．阳离子交换量

萧山区一级地力耕地土壤阳离子交换量在12.19~21.90cmol/kg，平均为16.37cmol/kg，标准差为2.17，变异系数为0.13。其中，阳离子交换量大于20cmol/kg的耕地面积为975.1亩，占一级耕地的13.6%；阳离子交换量在15~20cmol/kg的耕地面积为5 309.4亩，占一级耕地的74.2%；阳离子交换量在10~15cmol/kg的耕地面积为872.6亩，占一级耕地的12.2%；没有阳离子交换量低于10cmol/kg的一级地力耕地。

3．水溶性盐总量

萧山区一级地力耕地土壤水溶性盐总量在0.44~0.86g/kg，平均为0.63g/kg，标准差为0.08，变异系数为0.13。所有一级地力耕地的土壤水溶性盐总量均低于1g/kg。

4. pH值

萧山区一级地力耕地土壤pH值在5.6~7.4，标准差为0.50，变异系数为0.08，变异范围较小。其中，土壤pH值在5.5~6.5的耕地面积为5 777.7亩，占一级耕地的80.7%；pH值在6.5~7.5的耕地面积为1 379.4亩，占19.3%。

5. 地貌类型

萧山区一级地力耕地主要集中在水网平原地区，面积为6 913亩，占全区一级地力耕地的96.6%，还有少量分布在滨海平原，耕地面积为244.1亩，占一级地力耕地的3.4%。

6. 排涝、抗旱能力

萧山区一级地力耕地中，绝大部分耕地的排涝能力为一日暴雨一日排出，其面积为6 640.5亩，占一级地力耕地的92.8%。另外，还有516.6亩的耕地排涝能力为一日暴雨二日排出，占一级地力耕地的7.2%。

7. 冬季地下水位

萧山区一级地力耕地中，地下水位为50~80cm的耕地面积为3 958.6亩，占一级地力耕地的55.3%；地下水位为80~100cm的耕地面积为3 198.5亩，占一级地力耕地的44.7%。

8. 耕层质地

萧山区一级地力耕地中，耕层质地为壤土的耕地面积最大，为5 742.9亩，占一级地力耕地的80.2%；其次是黏壤土，面积为1 089.3亩，占一级地力耕地的15.2%；耕层质地为砂壤土的耕地面积为244.1亩，占一级地力耕地的3.4%；耕层质地为黏土的耕地面积为80.8亩，占一级地力耕地的1.1%。

9. 耕层厚度

萧山区一级地力耕地的耕层厚度均较为深厚，耕层厚度处于16~20cm的耕地面积最多，为6 715.7亩，占一级地力耕地的93.8%；耕层厚度大于20cm的耕地面积为441.4亩，占一级地力耕地的6.2%。

10. 剖面构型

萧山区一级地力耕地的剖面构型大多为A-Ap-W-C型，面积为6 913亩，占全区一级地力耕地的96.6%；剖面构型为A-[B]-C的耕地面积为244.1亩，占一级地力耕地的3.4%。

三、养分状况

1.有机质

萧山区一级地力耕地土壤有机质平均含量为34.34g/kg，最大值为52.97g/kg，最小值为20.05g/kg，标准差9.21，变异系数0.27。其中，有机质含量大于40g/kg的耕地面积为2458.6亩，占一级地力耕地的34.4%；有机质含量在30~40g/kg的耕地面积为2685.8亩，占一级地力耕地的37.5%；有机质含量在20~30g/kg的耕地面积为2012.7亩，占一级地力耕地的28.1%。

2.全氮

萧山区一级地力耕地土壤全氮平均含量为2.18g/kg，最大值3.87g/kg，最小值为0.78g/kg，标准差0.85，变异系数0.39。其中，全氮含量在0.5~1.0g/kg的耕地面积为507.7亩，占一级地力耕地的7.1%；全氮含量在1.0~1.5g/kg的耕地面积为966.6亩，占一级地力耕地的13.5%；全氮含量在1.5~2.0g/kg的耕地面积为1164.1亩，占一级地力耕地的16.3%；全氮含量在2.0~2.5g/kg的耕地面积为2123.1亩，占一级地力耕地的29.7%；全氮含量在2.5~3.0g/kg的耕地面积为475.1亩，占一级地力耕地的6.6%；全氮含量大于3.0g/kg的耕地面积为1922.5亩，占一级地力耕地的26.9%。

3.有效磷

（1）有效磷（Olsen法）。萧山区一级地力耕地土壤有效磷含量在38.55~53.15mg/kg，平均为45.06mg/kg，标准差为2.99，变异系数为0.07。其中，有效磷含量在30~40mg/kg的耕地面积为58.4亩，占一级地力耕地的0.8%；有效磷含量大于40mg/kg的耕地面积为820亩，占一级地力耕地的11.5%。

（2）有效磷（Bray法）。萧山区一级地力耕地土壤有效磷含量在12.16~112.78mg/kg，平均为47.08mg/kg，标准差为24.60，变异系数为0.52。其中，有效磷含量在12~18mg/kg的耕地面积为629.7亩，占一级地力耕地的8.8%；有效磷含量在18~25mg/kg的耕地面积为456.7亩，占一级地力耕地的6.4%；有效磷含量在25~35mg/kg的耕地面积为1536.8亩，占一级地力耕地的21.5%；有效磷含量在35~50mg/kg的耕地面积为1840.6亩，占一级地力耕地的25.7%；有效磷含量大于50mg/kg的耕地面积为1815.1亩，占一级地力耕地的25.4%。

4.速效钾

萧山区一级地力耕地土壤速效钾含量在67～174mg/kg,平均为103.54mg/kg,标准差为23.42,变异系数为0.23。其中,速效钾含量在50～80mg/kg的耕地面积为484.1亩,占一级地力耕地的6.8%;速效钾含量在80～100mg/kg的耕地面积为3612.7亩,占一级地力耕地的50.5%;速效钾含量在100～150mg/kg的耕地面积为2514.3亩,占一级地力耕地的35.1%;速效钾含量大于150mg/kg的耕地面积为546亩,占一级地力耕地的7.6%。

四、生产性能及管理建议

一级地力耕地是萧山区农业生产能力最高的一类耕地,面积为7157亩,占本次地力评价总面积的0.9%。该级耕地立地条件优越,绝大多数处于萧山区中部及南部的水网平原区,少部分处于滨海平原区。一级地力耕地所在区域地势平坦,区内补给水源充足,灌溉方便。土壤深厚肥沃,土壤有机质含量较高,保肥蓄水能力较强,是萧山区最肥沃的母质类型。此外,由于该区的农业发展历史最早,土壤受人为精耕细作影响明显,熟化程度较高。土壤大多数呈弱酸性偏中性,养分含量较为丰富,保水保肥能力强,生产性能良好,综合生产能力较强。水网平原区目前主要种植制度为单季晚稻。因此,在生产管理上,应该稳定粮食生产面积,进一步稳定和提升地力,同时大力推广测土配方施肥,避免偏施化肥以及造成肥料的浪费。

第三节　二级耕地地力

一、立地状况

1.面积与分布

二级地力耕地是萧山区地力较高的耕地,属于高产田范畴,面积共24.44万亩,占耕地、园地总面积的30.0%。二级耕地主要分布在萧山区中部的水网平原区,以义桥镇、所前镇、浦阳镇、临浦镇和戴村镇分布面积最大,均超过2万亩。进化镇、坎山镇、宁围镇和新街镇等乡镇也有较大面积的二级耕地分布。北部滨海平原区较少,仅有零星分布。

2.基本属性

二级地力耕地大多土层较深厚肥沃,农业发展历史较早,精耕细作,土壤受人为影响明显。土壤熟化程度高，剖面发育也较完整。农作制度以蔬菜、水稻种植为主。

二、理化性状

1.容重

二级地力耕地土壤容重在0.71~1.27g/cm³，平均1.00g/cm³，标准差为0.18，变异系数为0.18，总体容重适中。其中，容重小于等于0.9g/cm³的面积为137 841亩，占全区二级耕地的56.4%；容重在0.9~1.1g/cm³的面积为25 700.5亩，占二级耕地的10.5%；容重在1.1~1.3g/cm³的面积为80 818.4亩，占二级耕地的33.1%；没有容重大于1.3g/cm³的二级地力耕地。

2.阳离子交换量

二级地力耕地土壤阳离子交换量在4.41~30.06cmol/kg，平均为14.23cmol/kg，标准差为3.82，变异系数为0.27。其中，阳离子交换量大于20cmol/kg的耕地面积为1.94万亩，占二级耕地的7.9%；阳离子交换量在15~20cmol/kg的耕地面积为10.06万亩，占二级耕地的41.2%；阳离子交换量在10~15cmol/kg的耕地面积为10.29万亩，占二级耕地的42.1%；阳离子交换量在5~10cmol/kg的耕地面积为2.12万亩，占二级耕地的8.7%；阳离子交换量低于5cmol/kg的耕地面积为305.5亩，占二级耕地的0.1%。

3.水溶性盐总量

二级地力耕地土壤水溶性盐总量在0.21~2.13g/kg，平均为0.66g/kg，标准差为0.14，变异系数为0.21。其中，水溶性盐总量小于等于1g/kg的耕地面积为24.00万亩，占二级耕地的98.2%；水溶性盐总量在1~2g/kg的耕地面积为4 324.8亩，占二级耕地的1.8%；水溶性盐总量在2~3g/kg的耕地面积仅有3亩。

4.pH值

萧山区二级地力耕地土壤pH值在4.7~8.4，标准差为0.88，变异系数为0.14，变异范围较大。其中，pH值在4.5~5.5的二级耕地面积为2.99万亩，占二级耕地的12.2%；pH值在5.5~6.5的耕地面积为12.97万亩，占二级耕地的53.1%；pH值在6.5~7.5的耕地面积为5.95万亩，占24.4%；pH值在7.5~8.5的耕地面积为2.52万亩，占10.3%；二级地力耕地中没有pH值小于等于4.5或大于8.5的耕地。

5.地貌类型

萧山区二级地力耕地主要集中在中部水网平原，面积为12.95万亩，占全区二级地力耕地的53%。其他地貌类型的二级地力耕地相对较少，分别为：滨海平原耕地面积7.80万亩，占二级地力耕地的31.9%；河谷平原大畈耕地面积1.75万亩，占二级地力耕地的7.2%；河谷平原耕地面积1.67万亩，占二级地力耕地的6.8%；低丘耕地面积2705.1亩，占二级地力耕地的1.1%。

6. 排涝、抗旱能力

萧山区二级地力耕地中，绝大部分耕地的排涝能力为一日暴雨一日排出，其面积为22.86万亩，占二级地力耕地的93.6%。有1.33万亩的耕地排涝能力为一日暴雨二日排出，占二级地力耕地的5.4%；排涝能力为一日暴雨三日排出的耕地面积2403亩，占二级地力耕地的1.0%。

7. 冬季地下水位

萧山区二级地力耕地中，地下水位为50~80cm的耕地面积为13.61万亩，占二级地力耕地的55.7%；地下水位为80~100cm的耕地面积为10.83万亩，占二级地力耕地的44.3%。

8. 耕层质地

萧山区二级地力耕地中，耕层质地为壤土的耕地面积最大，为10.17万亩，占二级地力耕地的41.6%；其次是砂壤土，面积为6.65万亩，占二级地力耕地的27.2%；耕层质地为黏壤土的耕地面积为4.86万亩，占二级地力耕地的19.9%；耕层质地为黏土的耕地面积为2.38万亩，占二级地力耕地的9.7%；耕层质地为砂土的耕地面积最小，为3853亩，占二级地力耕地的1.6%。

9. 耕层厚度

萧山区二级地力耕地的耕层厚度均较为深厚，耕层厚度为12~16cm的耕地，面积为2773.9亩，占二级地力耕地的1.1%；耕层厚度处于16~20cm的耕地面积最多，为23.61万亩，占二级地力耕地的96.6%；耕层厚度大于20cm的耕地面积为5485.2亩，占二级地力耕地的2.2%。

10. 剖面构型

萧山区二级地力耕地的剖面构型大多为A－Ap－W－C型，面积为15.46万亩，占全区二级地力耕地的63.3%；剖面构型为A－[B]－C的耕地面积为7.72万亩，占二级地力耕地的31.6%；剖面构型为A－Ap－Gw－G的耕地面积为1.26万亩，占二级地力耕地的5.1%。

三、养分状况

1. 有机质

萧山区二级地力耕地土壤有机质平均含量为31.17g/kg，最大值为68.84g/kg，最小值为10.71g/kg，标准差13.36，变异系数0.43。其中，有机质含量大于40g/kg的耕地面积为10.16万亩，占二级地力耕地的41.6%；有机质含量在30~40g/kg的耕地面积为4.72万亩，占二级地力耕地的19.3%；有机质含量在20~30g/kg的耕地面积为3.05万亩，占二级地力耕地的12.5%；有机质含量在10~20g/kg的耕地面积为6.51万亩，占二级地力耕地的26.6%。二级地力耕地中没有有机质含量低于10g/kg的耕地。

2. 全氮

萧山区二级地力耕地土壤全氮平均含量为1.92g/kg，最大值为13.50g/kg，最小值为0.43g/kg，标准差0.96，变异系数0.50。其中，全氮含量小于等于0.5g/kg的耕地面积为3120亩，占二级地力耕地的1.3%；全氮含量在0.5~1.0g/kg的耕地面积为30634.6亩，占二级地力耕地的12.5%；全氮含量在1.0~1.5g/kg的耕地面积为42536.4亩，占二级地力耕地的17.4%；全氮含量在1.5~2.0g/kg的耕地面积为39942亩，占二级地力耕地的16.3%；全氮含量在2.0~2.5g/kg的耕地面积为53254.6亩，占二级地力耕地的21.8%；全氮含量在2.5~3.0g/kg的耕地面积为44038亩，占二级地力耕地的18%；全氮含量大于3.0g/kg的耕地面积为30834.4亩，占二级地力耕地的12.6%。

3. 有效磷

（1）有效磷（Olsen法）：萧山区二级地力耕地土壤有效磷含量在9.4~118.75mg/kg，平均为44.45mg/kg，标准差为19.35，变异系数为0.44。其中，有效磷含量在5~10mg/kg的耕地面积为29.4亩，不到二级地力耕地的0.1%；有效磷含量在10~15mg/kg的耕地面积为1838.4亩，占二级地力耕地的0.8%；有效磷含量在15~20mg/kg的耕地面积为7425.8亩，占二级地力耕地的3.0%；有效磷含量在20~30mg/kg的耕地面积为8101.6亩，占二级地力耕地的3.3%；有效磷含量在30~40mg/kg的耕地面积为1.59万亩，占二级地力耕地的6.5%；有效磷含量大于40mg/kg的耕地面积为4.69万亩，占二级地力耕地的19.2%。没有发现有效磷含量低于5mg/kg的二级地力耕地。

（2）有效磷（Bray法）：萧山区二级地力耕地土壤有效磷含量在3.02~

122.94mg/kg，平均为19.62mg/kg，标准差为15.23，变异系数为0.78。其中，有效磷含量小于等于7mg/kg的耕地面积为3 000亩，占二级地力耕地的1.2%；有效磷含量在7~12mg/kg的耕地面积为5.86万亩，占二级地力耕地的24.0%；有效磷含量在12~18mg/kg的耕地面积为4.52万亩，占二级地力耕地的18.5%；有效磷含量在18~25mg/kg的耕地面积为3.04万亩，占二级地力耕地的12.5%；有效磷含量在25~35mg/kg的耕地面积为1.28万亩，占二级地力耕地的5.2%；有效磷含量在35~50mg/kg的耕地面积为5 192.5亩，占二级地力耕地的2.1%；有效磷含量大于50mg/kg的耕地面积为8 957.8亩，占二级地力耕地的3.7%。

4.速效钾

萧山区二级地力耕地土壤速效钾含量在25~296mg/kg，平均为90.17mg/kg，标准差为31.84，变异系数为0.35。其中，速效钾含量小于等于50mg/kg的耕地面积为3 995.3亩，占二级地力耕地的1.6%；速效钾含量在50~80mg/kg的耕地面积为11.12万亩，占二级地力耕地的45.5%；速效钾含量在80~100mg/kg的耕地面积为5.63万亩，占二级地力耕地的23.1%；速效钾含量在100~150mg/kg的耕地面积为6.26万亩，占二级地力耕地的25.6%；速效钾含量大于150mg/kg的耕地面积为1.02万亩，占二级地力耕地的4.2%。

四、生产性能及管理建议

二级地力耕地是萧山区农业生产能力较高的一类耕地，面积为24.44万亩，占本次地力评价总面积的30.0%。该级耕地立地条件相对优越，大多处于水网平原区，地势低平，灌溉方便。长期的人为精耕细作使得土壤熟化程度较高，土层深厚肥沃，有机质含量高，保肥蓄水能力强。土壤大多数呈弱酸性偏中性，生产性能良好，综合生产能力较强。因此，在生产管理上，大力推广测土配方施肥，针对土壤磷素不足的情况适当增施磷肥；增加绿肥种植和有机肥的施用，进一步提高土壤有机质含量，提升地力。在种植制度方面，可以利用较高的地力，在种植粮食的同时大力发展蔬菜生产，探索多种轮种、间作、套种技术，提高经济收入。

第四节 三级耕地地力

一、立地状况

三级地力耕地是萧山区地力中等偏上的耕地，属于中产田范畴，面积共25.75万亩，占耕地、园地总面积的31.7%。三级耕地主要分布在萧山东部片区的滨海平原，以党山镇、党湾镇和围垦区分布面积最广，其次是益农镇和义蓬街道等地。南部的河谷平原及水网平原区也有不少分布，如进化镇面积也较大。

二、理化性状

1. 容重

萧山区三级地力耕地土壤容重在0.73~1.29g/cm³，平均1.15g/cm³，标准差为0.13，变异系数为0.12，总体容重适中。其中，容重小于等于0.9g/cm³的面积为4.73万亩，占全区三级耕地的18.4%；容重在0.9~1.1g/cm³的面积为4 470.1亩，占三级耕地的1.7%；容重在1.1~1.3g/cm³的面积为20.57万亩，占三级耕地的79.9%；没有容重大于1.3g/cm³的三级地力耕地。

2. 阳离子交换量

萧山区三级地力耕地土壤阳离子交换量在3.70~27.63cmol/kg，平均为11.32cmol/kg，标准差为3.17，变异系数为0.28。其中，阳离子交换量大于20cmol/kg的耕地面积为4 981.3亩，占三级耕地的1.9%；阳离子交换量在15~20cmol/kg的耕地面积为2.30万亩，占三级耕地的8.9%；阳离子交换量在10~15cmol/kg的耕地面积为11.84万亩，占三级耕地的46.0%；阳离子交换量在5~10cmol/kg的耕地面积为10.93万亩，占三级耕地的42.4%；阳离子交换量小于等于5cmol/kg的三级地力耕地面积为1 905.6亩，占三级耕地的0.7%。

3. 水溶性盐总量

萧山区三级地力耕地土壤水溶性盐总量在0.11~3.23g/kg，平均为0.73g/kg，标准差为0.24，变异系数为0.33。其中，水溶性盐总量小于等于1g/kg的耕地面积为22.44万亩，占三级耕地的87.2%；水溶性盐总量在1~2g/kg的耕地面积为3.26万亩，占三级耕地的12.7%；水溶性盐总量在2~3g/kg的耕地面积为419.2亩，占三级耕地的0.2%；还有14.7亩三级地力耕地的水溶性盐总量处于3~4g/kg。

4.pH值

萧山区三级地力耕地土壤pH值在4.9~8.6，标准差为0.79，变异系数为0.11，变异范围较大。其中，pH值在4.5~5.5的三级耕地面积为2.46万亩，占三级耕地的9.5%；pH值在5.5~6.5的耕地面积为2.7万亩，占三级耕地的10.5%；pH值在6.5~7.5的耕地面积为3.19万亩，占三级耕地的12.4%；pH值在7.5~8.5的耕地面积为17.40万亩，占三级耕地的67.6%；pH值大于8.5的耕地面积为62.7亩，不到三级地力耕地面积的0.1%；三级地力耕地中没有pH值小于等于4.5的耕地。

5.地貌类型

萧山区三级地力耕地主要集中在东部的滨海平原，面积为20.55万亩，占全区三级地力耕地的79.8%；其次为河谷平原耕地面积2.72万亩，占三级地力耕地的10.6%；水网平原耕地面积1.73万亩，占三级地力耕地的6.7%；河谷平原大畈和低丘地貌耕地面积较少，分别为5 010.1亩和2 492.3亩，分别占三级地力耕地的1.9%和1.0%。

6.排涝、抗旱能力

萧山区三级地力耕地中，绝大部分耕地的排涝能力为一日暴雨一日排出，其面积为21.32万亩，占三级地力耕地的82.8%。另外，还有2.65万亩的耕地排涝能力为一日暴雨二日排出，占三级地力耕地的10.3%；有1.78万亩的耕地排涝能力为一日暴雨三日排出，占三级地力耕地的6.9%。

7.冬季地下水位

萧山区三级地力耕地中，地下水位为50~80cm的耕地面积为6.85万亩，占三级地力耕地的26.6%；地下水位为80~100cm的耕地面积为18.90万亩，占三级地力耕地的73.4%。

8.耕层质地

萧山区三级地力耕地中，耕层质地为砂壤土的耕地面积最大，为10.47万亩，占三级地力耕地的40.7%；其次是砂土，面积为9.79万亩，占三级地力耕地的38.0%；耕层质地为壤土的耕地面积为2.8万亩，占三级地力耕地的10.9%；耕层质地为黏土的耕地面积为2.26万亩，占三级地力耕地的8.8%；耕层质地为黏壤土的耕地面积最小，为4 408亩，占三级地力耕地的1.7%。

9.耕层厚度

萧山区三级地力耕地的耕层厚度相对较为深厚，最浅薄的为12~16cm的耕地，面积为1.52万亩，占三级地力耕地的5.9%；耕层厚度处于16~20cm

的耕地面积最多，为23.84万亩，占三级地力耕地的92.6%；耕层厚度大于20cm的耕地面积为3 816.0亩，占三级地力耕地的1.5%。

10.剖面构型

萧山区三级地力耕地的剖面构型大多为A–［B］–C型，面积为15.78万亩，占全区三级地力耕地的61.3%；其次为A–C型，面积为4.50万亩，占全区三级地力耕地的17.5%；剖面构型为A–Ap–W–C的耕地面积为3.82万亩，占三级地力耕地的14.8%；剖面构型为A–Ap–Gw–G的耕地面积为1.38万亩，占三级地力耕地的5.3%；剖面构型为A–Ap–G的耕地面积最少，为2 724.9亩，占三级地力耕地的1.1%。

三、养分状况

1.有机质

萧山区三级地力耕地土壤有机质平均含量为21.02g/kg，最大值为63.85g/kg，最小值为7.71g/kg，标准差10.29，变异系数0.49。其中，有机质含量大于40g/kg的耕地面积为3.21万亩，占三级地力耕地的12.5%；有机质含量在30~40g/kg的耕地面积为1.90万亩，占三级地力耕地的7.4%；有机质含量在20~30g/kg的耕地面积为3.19万亩，占三级地力耕地的12.4%；有机质含量在10~20g/kg的耕地面积为17.43万亩，占三级地力耕地的67.7%。三级地力耕地中有少量有机质含量低于10g/kg的耕地，面积仅为169.1亩。

2.全氮

萧山区三级地力耕地土壤全氮平均含量为1.35g/kg，最大值为5.05g/kg，最小值为0.25g/kg，标准差0.62，变异系数0.46。其中，全氮含量小于等于0.5g/kg的耕地面积为10 472.6亩，占三级地力耕地的4.1%；全氮含量在0.5~1.0g/kg的耕地面积为78 438.5亩，占三级地力耕地的30.5%；全氮含量在1.0~1.5g/kg的耕地面积为84 618.5亩，占三级地力耕地的32.9%；全氮含量在1.5~2.0g/kg的耕地面积为41 196.6亩，占三级地力耕地的16%；全氮含量在2.0~2.5g/kg的耕地面积为27 250.9亩，占三级地力耕地的10.6%；全氮含量在2.5~3.0g/kg的耕地面积为7 849.2亩，占三级地力耕地的3.0%；全氮含量大于3.0g/kg的耕地面积为7 640.7亩，占三级地力耕地的3.0%。

3. 有效磷

（1）有效磷（Olsen法）：萧山区三级地力耕地土壤有效磷含量在5.04～194.65mg/kg，平均为29.32mg/kg，标准差为16.15，变异系数为0.55。其中，有效磷含量在5～10mg/kg的耕地面积为1 039.5亩，占三级地力耕地的0.4%；有效磷含量在10～15mg/kg的耕地面积为1.21万亩，占三级地力耕地的4.7%；有效磷含量在15～20mg/kg的耕地面积为4.34万亩，占三级地力耕地的16.9%；有效磷含量在20～30mg/kg的耕地面积为5.17万亩，占三级地力耕地的20.1%；有效磷含量在30～40mg/kg的耕地面积为3.63万亩，占三级地力耕地的14.1%；有效磷含量大于40mg/kg的耕地面积为5.88万亩，占三级地力耕地的22.8%。没有有效磷含量低于5mg/kg的三级地力耕地。

（2）有效磷（Bray法）：萧山区三级地力耕地土壤有效磷含量在2.11～104.68mg/kg，平均为15.77mg/kg，标准差为13.21，变异系数为0.84。其中，有效磷含量小于等于7mg/kg的耕地面积为9 793亩，占三级地力耕地的3.8%；有效磷含量在7～12mg/kg的耕地面积为1.99万亩，占三级地力耕地的7.7%；有效磷含量在12～18mg/kg的耕地面积为1.29万亩，占三级地力耕地的5.0%；有效磷含量在18～25mg/kg的耕地面积为4 772亩，占三级地力耕地的1.9%；有效磷含量在25～35mg/kg的耕地面积为3 983.5亩，占三级地力耕地的1.5%；有效磷含量在35～50mg/kg的耕地面积为2 100.5亩，占三级地力耕地的0.8%；有效磷含量大于50mg/kg的耕地面积为848亩，占三级地力耕地的0.3%。

4. 速效钾

萧山区三级地力耕地土壤速效钾含量在24～273mg/kg，平均为67.37mg/kg，标准差为25.94，变异系数为0.39。其中，速效钾含量小于等于50mg/kg的耕地面积为6.29万亩，占三级地力耕地的24.4%；速效钾含量在50～80mg/kg的耕地面积为10.29万亩，占三级地力耕地的40.0%；速效钾含量在80～100mg/kg的耕地面积为4.47万亩，占三级地力耕地的17.4%；速效钾含量在100～150mg/kg的耕地面积为4.21万亩，占三级地力耕地的16.4%；速效钾含量大于150mg/kg的耕地面积为4 819.8亩，占三级地力耕地的1.9%。

四、生产性能及管理建议

三级地力耕地是萧山区农业生产能力较高的一类耕地，面积为25.75万亩，占本次地力评价总面积的31.7%。该级耕地立地条件相对较好，大多处于萧山区东片的滨海平原区，其次为南部河谷平原和中部水网平原区。本区三级地力耕地总体上供肥能力较强，有利于作物稳产高产，但是由于滨海平原区耕层质地大多为砂质及壤质，保肥能力一般，易早衰，需要及时补充施肥。针对大部分耕地土壤pH值偏高的现象，应在增施有机肥的同时，加强田间水分管理，促进土壤脱钙脱盐。

三级地力耕地土壤种植作物和种植模式较多，有麦（油菜）–晚稻，鲜食大豆–晚稻、蔬菜–晚稻等粮食作物种植模式，也有蔬菜、苗木等经济作物种植模式，肥料投入量较大，特别是苗木和蔬菜肥料投入量较大，有机肥也有一定比例投入。在生产管理上，应大力推广测土配方施肥，科学施肥，避免肥料的损失以及造成环境污染。另外，针对苗木生产的特点，在施用化肥的同时要注重增施有机肥，防止因苗木带走土壤有机质而导致土壤质量下降。水网平原区三级地力耕地的质地主要为壤土和黏壤土，供肥、保肥能力相对较高。生产管理上，应进一步完善农田水利设施，防止淹渍和内涝现象，提倡种植绿肥和增施有机肥，进一步提高农田综合生产能力。

第五节　四级耕地地力

一、立地状况

四级地力耕地是萧山区地力中等偏下的耕地，属于中低产田范畴，面积共30.29万亩，占耕地、园地总面积的37.2%。萧山区四级耕地几乎全部分布在东部片区的滨海平原，以围垦区分布面积最广，其次是河庄街道、临江街道、义蓬街道、益农镇和新湾街道等地。中部及南部的河谷平原和水网平原区只有零星分布，面积很小。

二、理化性状

1.容重

萧山区四级地力耕地土壤容重在$0.82 \sim 1.31 \text{g/cm}^3$，平均$1.22 \text{g/cm}^3$，标准差为0.03，变异系数为0.02，总体容重适中。其中，容重小于等于0.9g/cm^3的面积为388.1亩，占全区四级耕地的0.1%；容重在$0.9 \sim 1.1 \text{g/cm}^3$

的面积为12.9亩，不到四级耕地的0.1%；容重在1.1~1.3g/cm³的面积为30.18万亩，占四级耕地的99.7%；容重大于1.3g/cm³的耕地面积为652.4亩，占四级地力耕地的0.2%。

2. 阳离子交换量

萧山区四级地力耕地土壤阳离子交换量在3.49~17.20cmol/kg，平均为9.35cmol/kg，标准差为2.05，变异系数为0.22。其中，阳离子交换量在15~20cmol/kg的耕地面积为348.7亩，占四级耕地的0.1%；阳离子交换量在10~15cmol/kg的耕地面积为7.24万亩，占四级耕地的23.9%；阳离子交换量在5~10cmol/kg的耕地面积为22.04万亩，占四级耕地的72.8%；阳离子交换量小于等于5cmol/kg的四级地力耕地面积为9 752.3亩，占四级耕地的3.2%；没有阳离子交换量大于20cmol/kg的耕地。

3. 水溶性盐总量

萧山区四级地力耕地土壤水溶性盐总量在0.29~4.17g/kg，平均为0.93g/kg，标准差为0.37，变异系数为0.39。其中，水溶性盐总量小于等于1g/kg的耕地面积为20.94万亩，占四级耕地的69.1%；水溶性盐总量在1~2g/kg的耕地面积为8.99万亩，占四级耕地的29.7%；水溶性盐总量在2~3g/kg的耕地面积为2 769.3亩，占四级耕地的0.9%；水溶性盐总量在3~4g/kg的耕地面积为632.4亩，占四级耕地的0.2%；还有98.3亩四级地力耕地的水溶性盐总量处于4~5g/kg。

4. pH值

萧山区四级地力耕地土壤pH值在4.9~8.9，标准差为0.22，变异系数为0.03，变异范围较大。其中，pH值在4.5~5.5的四级耕地面积为415.9亩，占四级耕地的0.1%；pH值在6.5~7.5的耕地面积为3 589亩，占四级耕地的1.2%；pH值在7.5~8.5的耕地面积为29.89万亩，占四级耕地的98.7%；pH值大于8.5的耕地面积为28.4亩，不到四级地力耕地面积的0.1%；四级地力耕地中没有pH值小于等于4.5的耕地。

5. 地貌类型

萧山区四级地力耕地几乎全部在东部的滨海平原，面积为30.25万亩，占全区四级地力耕地的99.9%。南部的河谷平原耕地也有少量四级耕地，面积415.9亩，仅占四级地力耕地的0.1%。

6. 排涝、抗旱能力

萧山区四级地力耕地中，绝大部分耕地的排涝能力为一日暴雨一日排出，其面积为25.35万亩，占四级地力耕地的83.7%；有4.90万亩的耕地排涝能力为一日暴雨二日排出，占四级地力耕地的16.2%；有332.5亩的耕地排涝能力为一日暴雨三日排出，占四级地力耕地的0.1%。

7．冬季地下水位

萧山区四级地力耕地中，地下水位为50~80cm的耕地面积为8 296.2亩，占四级地力耕地的2.7%；地下水位为80~100cm的耕地面积为29.39万亩，占四级地力耕地的97%；地下水位大于100cm的耕地面积为685亩，占四级地力耕地的0.2%。

8．耕层质地

萧山区四级地力耕地中，绝大多数耕地的耕层质地为砂土，面积为29.77万亩，占四级地力耕地的98.3%；其次是砂壤土，面积仅为4 756.6亩，占四级地力耕地的1.6%；耕层质地为黏土的耕地面积为332.5亩，占四级地力耕地的0.1%；耕层质地为壤土的耕地面积为83.4亩，不到四级地力耕地的0.1%。

9．耕层厚度

萧山区四级地力耕地的耕层厚度相对较为深厚，最浅薄的为8~12cm的耕地，面积为114亩，占四级地力耕地的0.01%。耕层厚度处于12~16cm的耕地面积为2.48万亩，占四级地力耕地的8.2%；耕层厚度处于16~20cm的耕地面积最多，为27.79万亩，占四级地力耕地的91.8%；没有耕层厚度大于20cm的四级耕地。

10．剖面构型

萧山区四级地力耕地的剖面构型绝大多数为A-C型，面积为29.70万亩，占全区四级地力耕地的98.1%；其次为A-Ap-G型和A-［B］-C型，面积分别为2 970.8亩和2 467.7亩，占全区四级地力耕地的1.0%和0.8%；剖面构型为A-Ap-W-C的耕地面积为415.9亩，占四级地力耕地的0.1%。

三、养分状况

1．有机质

萧山区四级地力耕地土壤有机质平均含量为15.17g/kg，最大值为39.91g/kg，最小值为6.38g/kg，标准差2.70，变异系数0.18。其中，有机质含量在30~40g/kg的耕地面积为360.2亩，占四级地力耕地的0.1%；有机质含量在20~30g/kg的耕地面积为4 550.6亩，占四级地力耕地的1.5%；有机质含量在10~20g/kg的耕地面积为28.66万亩，占四级地力耕地的

94.6%；有机质含量小于等于10g/kg的耕地面积为1.14万亩，占四级地力耕地的3.8%。本区四级地力耕地中，没有有机质含量大于40g/kg的耕地。

2.全氮

萧山区四级地力耕地土壤全氮平均含量为0.99g/kg，最大值为2.44g/kg，最小值为0.25g/kg，标准差0.31，变异系数0.32。其中，全氮含量小于等于0.5g/kg的耕地面积为49 694.5亩，占四级地力耕地的16.4%；全氮含量在0.5~1.0g/kg的耕地面积为142 208.2亩，占四级地力耕地的47.0%；全氮含量在1.0~1.5g/kg的耕地面积为93 905亩，占四级地力耕地的31.0%；全氮含量在1.5~2.0g/kg的耕地面积为16 728.3亩，占四级地力耕地的5.5%；全氮含量在2.0~2.5g/kg的耕地面积为350.5亩，占四级地力耕地的0.1%；没有全氮含量大于2.5g/kg的四级地力耕地。

3.有效磷

（1）有效磷（Olsen法）：萧山区四级地力耕地土壤有效磷含量在3.39~236.77mg/kg，平均为35.02mg/kg，标准差为19.95，变异系数为0.57。其中，有效磷含量小于等于5mg/kg的耕地面积为63亩；有效磷含量在5~10mg/kg的耕地面积为1 845.4亩，占四级地力耕地的0.6%；有效磷含量在10~15mg/kg的耕地面积为9 586.4亩，占四级地力耕地的3.2%；有效磷含量在15~20mg/kg的耕地面积为2.24万亩，占四级地力耕地的7.4%；有效磷含量在20~30mg/kg的耕地面积为7.95万亩，占四级地力耕地的26.3%；有效磷含量在30~40mg/kg的耕地面积为7.60万亩，占四级地力耕地的25.1%；有效磷含量大于40mg/kg的耕地面积为11.25万亩，占四级地力耕地的37.1%。

（2）有效磷（Bray法）：萧山区四级地力耕地土壤有效磷含量在3.08~21.95mg/kg，平均为15.69mg/kg，标准差为5.20，变异系数为0.33。其中，有效磷含量小于等于7mg/kg的耕地面积为83.4亩；有效磷含量在12~18mg/kg的耕地面积为332.5亩，占四级地力耕地的0.1%；有效磷含量在18~25mg/kg的耕地面积为528.8亩，占四级地力耕地的0.2%。

4.速效钾

萧山区四级地力耕地土壤速效钾含量在24~312mg/kg，平均为67.22mg/kg，标准差为24.17，变异系数为0.36。其中，速效钾含量小于等于50mg/kg的耕地面积为3.56万亩，占四级地力耕地的11.9%；速效钾含量在50~80mg/kg的耕地面积为14.43万亩，占四级地力耕地的47.7%；

速效钾含量在80～100mg/kg的耕地面积为8.66万亩，占四级地力耕地的28.6%；速效钾含量在100～150mg/kg的耕地面积为2.88万亩，占四级地力耕地的9.5%；速效钾含量大于150mg/kg的耕地面积为7 183亩，占四级地力耕地的2.4%。

四、生产性能及管理建议

四级地力耕地是萧山区农业生产能力较差的一类耕地，面积为30.29万亩，占本次地力评价总面积的37.2%。该级耕地立地条件相对较好，基本都处于萧山区东片的滨海平原区，南部河谷平原和中部水网平原区只有零星分布。本区四级地力耕地总体上呈现容重偏高、阳离子交换量较低的现象，这与耕层质地绝大部分为砂土有很大的关系。同时，土壤有机质含量较低，大多处于10～20g/kg。针对这些突出问题，除在生产管理上除大力推广测土配方施肥外，应特别重视有机肥的施用。有机肥施用除了增加土壤有机质和其他植物养分外，有机胶体的增加还能改善土壤容重，增加土壤阳离子交换量，降低土壤pH值，对于改良土壤、提高耕地地力具有十分重要的作用。由于砂土保肥能力较差，肥料易随水淋湿，因此，在施肥过程中要科学施肥，避免肥料的损失造成浪费的同时导致环境污染。滨海平原区的土壤应继续改进灌溉措施，脱盐脱钙；水网平原和河谷平原区的耕地则应进一步完善农田水利设施，防止淹渍和内涝现象，避免内涝及土质过黏导致作物减产。

第六节　五级耕地地力

一、立地状况

五级地力耕地是萧山区地力最差的耕地，属于低产田范畴，面积共1 461亩，占耕地、园地总面积的0.2%。萧山区五级耕地全部分布在东部片区的滨海平原，以围垦区分布面积最广，临江街道、党湾镇和前进街道等地有零星分布。

二、理化性状

1.容重

萧山区五级地力耕地土壤容重在1.16～1.32g/cm³，平均1.26g/cm³，标准差为0.03，变异系数为0.03，总体容重较高。其中，容重在1.1～1.3g/cm³的面积为812.6亩，占五级耕地的55.6%；容重大于1.3g/cm³的耕地面积为648.5亩，占五级地力耕地的44.4%。

2．阳离子交换量

萧山区五级地力耕地土壤阳离子交换量在2.93~9.23cmol/kg，平均为6.34cmol/kg，标准差为2.38，变异系数为0.37。其中，阳离子交换量在5~10cmol/kg的耕地面积为241.4亩，占五级耕地的16.5%；阳离子交换量小于等于5cmol/kg的五级地力耕地面积为1219.7亩，占五级耕地的83.5%。

3．水溶性盐总量

萧山区五级地力耕地土壤水溶性盐总量在0.34~1.89g/kg，平均为1.05g/kg，标准差为0.31，变异系数为0.29。其中，水溶性盐总量小于等于1g/kg的耕地面积为1020.9亩，占五级耕地的69.9%；水溶性盐总量在1~2g/kg的耕地面积为440.2亩，占五级耕地的30.1%。

4．pH值

萧山区五级地力耕地土壤pH值全部在7.8~8.5，标准差为0.20，变异系数为0.02，为中性偏碱。

5．地貌类型

萧山区五级地力耕地全部集中在东部的滨海平原。

6．排涝、抗旱能力

萧山区五级地力耕地中，一半左右耕地的排涝能力为一日暴雨一日排出，其面积为753.6亩，占五级地力耕地的51.6%；还有707.5亩的耕地排涝能力为一日暴雨二日排出，占五级地力耕地的48.4%。

7．冬季地下水位

萧山区五级地力耕地中，地下水位为50~80cm的耕地面积为207.4亩，占五级地力耕地的14.2%；地下水位为80~100cm的耕地面积为1253.7亩，占五级地力耕地的85.8%。

8．耕层质地

萧山区五级地力耕地的耕层质地全部为砂土。

9．耕层厚度

萧山区五级地力耕地的耕层厚度相对较为浅薄，最浅薄的为12~16cm的耕地，面积为460.6亩，占五级地力耕地的31.5%；耕层厚度处于16~20cm的耕地面积为1000.5亩，占五级地力耕地的68.5%。

10．剖面构型

萧山区五级地力耕地的剖面构型全部为A-C型。

三、养分状况

1. 有机质

萧山区五级地力耕地土壤有机质较低，平均含量为10.26g/kg，最大值为15.40g/kg，最小值为7.32g/kg，标准差2.32，变异系数0.23。其中，有机质含量在10~20g/kg的耕地面积为832亩，占五级地力耕地的56.9%；有机质含量低于10g/kg的耕地面积为629.1亩，占五级地力耕地的43.1%。

2. 全氮

萧山区五级地力耕地土壤全氮平均含量为0.51g/kg，最大值为0.84g/kg，最小值为0.30g/kg，标准差0.10，变异系数0.19。其中，全氮含量小于等于0.5g/kg的耕地面积为1 078.8亩，占五级地力耕地的73.8%；全氮含量在0.5~1.0g/kg的耕地面积为382.3亩，占五级地力耕地的26.2%；没有全氮含量大于1.0g/kg的五级地力耕地。

3. 有效磷

萧山区五级地力耕地土壤有效磷（Olsen法）含量在3.78~60.63mg/kg，平均为17.59mg/kg，标准差为11.68，变异系数为0.66。其中，有效磷含量小于等于5mg/kg的耕地面积为55.6亩，占五级地力耕地的3.8%；有效磷含量在5~10mg/kg的耕地面积为185.7亩，占五级地力耕地的12.7%；有效磷含量在15~20mg/kg的耕地面积为141亩，占五级地力耕地的9.6%；有效磷含量在20~30mg/kg的耕地面积为1 019.8亩，占五级地力耕地的69.8%；有效磷含量大于40mg/kg的耕地面积为59亩，占五级地力耕地的4.0%。

4. 速效钾

萧山区五级地力耕地土壤速效钾含量在30~98mg/kg，平均为51.15mg/kg，标准差为14.12，变异系数为0.28。其中，速效钾含量小于等于50mg/kg的耕地面积为753.6亩，占五级地力耕地的51.6%；速效钾含量在50~80mg/kg的耕地面积为666.3亩，占五级地力耕地的45.6%；速效钾含量在80~100mg/kg的耕地面积为41.2亩，占五级地力耕地的2.8%。

四、生产性能及管理建议

五级地力耕地是萧山区农业生产能力最差的一类耕地，面积只有1 461亩，占本次地力评价总面积的0.2%。该级耕地处于萧山区东片的滨海平原区，具有容重偏高、土壤阳离子交换量低、有机质含量较低等特点。部分五级耕地土壤的水溶性盐总量也偏高，属于盐渍土，对作物生长具有较强的胁迫作用。但是大多五级耕地土壤有效磷和速效钾含量并不十分缺乏。因此，在生产管理上，首要任务就是加大中低产田改造力度，改善生产条件。针对该级地力土壤瘠薄、盐分高、碱性强、耕作层较浅等问题，要采取如水旱轮作、增施有机肥、实施秸秆还田等地力综合培肥和改良措施，并通过修建排灌渠、翻耕犁底层等配套措施相结合，达到旱涝保收、稳产高产。

第五章 耕地地力综合评价

第一节 耕地主要养分丰缺状况分析

土壤肥力是耕地土壤综合生产能力的体现，是它的基本属性和质的特征，是土壤的物理、化学、生物性质的反映，它主要是通过农作物根系活动来影响作物生长而体现出来的差异性。土壤肥力主要指土壤本身能提供、协调作物生长所需的营养物质和生长环境的能力。

根据本次耕地地力调查结果来看，萧山区耕地地力状况总体水平较高。在全区的耕地和园地中，达到一等田（地）标准（高产田地）的面积占30.9%，其中一级田（地）的面积占0.9%，二级田（地）的面积占30.0%；达到二等田（地）标准（中产田地）的面积最多，占68.9%，其中三级田面积占31.7%，四级田的面积占37.2%；三等田（低产田）面积占0.2%，全部为五级田。

从全区范围来看，本区耕地土壤养分含量中等。与第二次土壤普查以及土壤复查时相比，由于社会经济的发展、产业结构的调整以及经营方式的改变，本区土壤养分含量发生不同程度的变化。

第一，土壤有机质总体上有一定程度的上升。从这次调查情况看，本区表现为有机质含量较低的土壤面积减少，但同时有机质含量较高的土壤面积也在减少。一方面，经过一段时间的片面迷信施用化肥后，政府指导部门和农户都认识到有机肥的重要性，开始增加低产田有机肥投入和秸秆还田，改造中低产田，提升地力；另一方面，近20年来由于人口快速增长以及农民增收等原因影响，土地利用强度加大，加之有机肥投入不够，或苗木移植带走大量土壤养分，导致有机质大量损失；另外，由于粮食的经济效益相对较低，大量的水田改为蔬菜或苗木等旱地种植，也是土壤有机质含量降低的原因之一。

第二，土壤矿质养分含量稳中有升。全区土壤全氮含量总体水平中等，但是低于1993—1995年萧山土壤养分复查时土壤含量。土壤全氮含量较低的土壤主要集中在滨海平原区，这与土壤质地有很大关系，砂质土壤上氮素容易淋湿或挥发损失，导致土壤全氮含量下降。土壤有效磷含量显著增加，这是由于人为的集约经营和大量施肥，特别是复合肥，加上本区水土流失现象较少，磷素在土壤中累积。但是南部酸性土壤上有效磷含量较低，需要增施磷肥。土壤速效钾含量总体保持稳定，但是不同区域土壤含量有增有减。如滨海平原土壤在成土过程中钾素较为丰富，但是随着土壤熟化和利用年份的增长，加之复种指数提高，农作物每年从土壤中带走大量的钾素，导致土壤钾素有较大幅度的下降。而原本速效钾相对含量较低的河谷平原和水网平原，由于在长期的水稻以及其他经济作物种植过程中注重氮磷钾复合肥的施用，钾素得到有效补充，土壤速效钾含量相对增加。总体来看，萧山区土壤养分含量保持稳定，但是个体分化明显。

第三，土壤pH值更适于作物的耕种。此次调查数据表明，萧山区绝大多数土壤的pH值集中在7.5~8.5，占调查总面积的61.4%，可见萧山区大多数土壤还是中性偏碱，没有pH值低于4.5的耕地面积，pH值高于8.5的耕地也非常少。萧山区东片滨海平原土壤pH值主要为碱性，而南部的低山丘陵区土壤酸性较强，中部水网平原和南部河谷平原则以微酸及中性土壤为主。这主要是由于在长期的人为生产活动的干预下，随着土壤熟化程度的提高，不论其母质来源是强酸性还是强碱性，都逐渐趋向中性或微酸性。如滨海平原的涂砂土和咸砂土在经过人为经营后，逐渐脱盐脱钙，发育成淡涂砂后土壤pH值由强碱性下降至中性左右，而低山丘陵区的酸性土壤黄泥砂土经开垦为水田并逐渐水耕熟化后，其酸碱度出现一定程度的上升。

第四，土壤水溶性盐总量降低。土壤水溶性盐总量经过长期的人为耕作过程后，除少数地区外，大部分都较低，对土壤耕作没有显著影响。

第五，耕地土壤容重较为理想。萧山区耕地土壤容重大多处于较为理想的范围，基本没有发现板结较为严重的土壤，这可能是由于土地的人为耕作降低了土壤容重。同时，由于萧山区水网平原、河谷平原等地土壤发育较好，加之有机质较高，因此容重也较低。

第二节 施肥分区划分原则

一、划分原则

施肥分区划分原则主要依据耕地自然的客观属性、土壤本身性状以及作物布局，因为不同地形、地貌上所形成的耕地土壤其母质来源、土壤本身潜在供肥能力的差异较大，使其理化性状不同并影响到其适宜的耕作制度、作物布局的差异，因此，分区划分必须遵循土壤的自然客观属性。

二、施肥分区

根据分区划分原则，本区土壤因地形地势、成土母质、成土过程和人类利用现状等差异，形成4个区别明显的农业土壤区域。

1.滨海涂地土区

北海塘以北的地区，即通常所说的"沙地区"及"围垦区"。萧山区内侧与水网平原接壤，两区以右北海塘为界线，萧山区分为内外两个部分，南沙大堤以北的滨海平原区外侧为脱盐土，是新成海涂向钙质潮土发展的过渡类型，已经基本脱离海水影响，但是受咸性地下水浸润，具有一定的盐害，称为东部"围垦区"；南沙大堤以南到北海塘的滨海平原区内侧广大地区由于长期的开发利用，土壤已基本脱盐、脱钙，具备一定厚度的耕作熟化层，土壤肥力也有较大提高，称为东部"沙地区"。主要土壤种类为轻咸砂土、中咸砂土、重咸砂土、流砂板土、潮闭土5种。以种植蔬菜、水稻、小麦、油菜、花木等为主。

2.水网平原土区

北海塘以南到河上镇原大桥乡以北的广大水网平原地区，即通常所说的"水稻区"，水网平原区地势低平，补给水源丰富，灌溉方便，但由于内水排泄不畅，易受涝受渍。土壤种类较多，主要有小粉田、小粉泥田、粉砂田、青粉泥田等，土壤种类较多。以种植水稻、小麦为主，部分地区种植蔬菜和苗木。

3.河谷平原土区

河上镇原大桥乡以南河（溪）流两侧的狭长地带，为溪滩地，多数种植水稻。河谷平原地势有不明显起伏，从山边向河道缓缓倾斜。土壤以黄泥砂土、黄泥砂田、黄粉泥田、泥砂田为主。大部分排水良好，但是里进田地势较低，土壤内部容易积水，趋向死板或烂糊，应注意排水措施。

4.低山丘陵土区

萧山区南部山区及半山区山地，以种植果树、林木为主。低山丘陵区位于萧山区南部东西两侧的山区、半山区，地形特征起伏破碎。土壤以油红泥、黄泥土、黄泥砂土、石砂土等为主。该区土壤厚薄不一，相差悬殊，加之人为不合理地利用，容易造成水土流失。因此，针对该区的这些情况，应该加强农田水利设施建设，改良耕层土壤，增施有机肥。同时，做好低丘地区的水土保持工作，进一步改善农作物立地条件，提高土地综合生产能力。

第三节　分区施肥

分区施肥是根据不同区域土壤自身的供肥状况、作物品种对自身生长发育所需外界提供的营养元素种类及数量需求，和不断提高土壤综合生产能力，确保农业可持续发展的原则。现从耕地土壤的成土母质、土壤综合生产能力以及其主要理化性状等因素综合考虑，提出施肥分区的分区施肥建议。

一、滨海涂地土区

滨海平原区外侧为脱盐土，是新成海涂向钙质潮土发展的过渡类型，已经基本脱离海水影响，但是受咸性地下水浸润，然后具有一定的盐害。而内侧的广大地区由于长期的开发利用，土壤已基本脱盐、脱钙，具备一定厚度的耕作熟化层，土壤肥力也有较大提高。主要分布"粮油水旱轮作生态栽培产业带"和"东部加工出口蔬菜产业带"。种植模式以春粮（油菜）-晚稻、春粮/大豆-晚稻和蔬菜-晚稻为主。东片沙地区的瓜沥、党山、益农、党湾、靖江等镇（街道）及义蓬、南阳、河庄街道的一部分，主要种植"油菜-水稻""蔬菜-晚稻""鲜食大豆-晚稻"等，形成"蔬菜—水稻"的水旱轮作种植。北部围垦区的农业开发区、临江、前进、新湾街道和义蓬、河庄街道的一部分，多为规模种植，主要种植生长期短的蔬菜和粮油作物，将形成"小麦-晚稻""蔬菜-晚稻""鲜食大豆-晚稻"的菜稻混作区。

据2008年全区标准农田地力调查及本次耕地地力评价调查分析，萧山区东片沙地区土壤有机质含量有所提高，但总体偏低，普遍缺硼、缺钾，部分土壤缺锌，土壤有效磷含量增加较快，部分围垦土壤含盐量较高，后期易出现缺肥、早衰现象。虽然东片滨海平原区部分田块土壤有机质含量有所提高，但围垦土壤有机质含量普遍较低。土壤有效磷含量上升较快，土壤速效钾含量较低。另外，有相当面积的土地土壤有效锌及有效硼含量较低，属于缺锌或缺硼土壤。围垦"沙地区"土壤地力培肥主要是要稳定提高土壤有机质含量，增加土壤有效钾，补施硼、锌等微量元素。要采取合理轮作换茬，主要是做好水旱轮作和粮经轮作；增施优质农家肥，大力推广秸秆还田；实行科学施肥，改变肥料施用结构，减少尿素等化学氮肥用量，增施复合肥与钾肥等措施。

二、水网平原土区

北海塘以南到河上镇原大桥乡以北的广大水网平原地区，即通常所说的"水稻区"，以种植水稻为主。水网平原区地势低平，补给水源丰富，灌溉方便，但由于内水排泄不畅，易受涝受渍。主要有"水网平原无公害优质稻米产业带"和围绕杭州主城区的蔬菜基地圈为主的"菜篮子基地"。种植模式为小麦–晚稻或单季晚稻、水生蔬菜、加工出口蔬菜、旱杂粮、花木、水果等。

据2008年全区标准农田地力调查及本次耕地地力评价调查分析，水网平原稻区土壤有机质含量相对较高，土壤有效磷含量提高快，但普遍缺硼。土壤保肥、保水性好，但由于土壤质地黏重渍水，后期易出现徒长倒伏现象。根据土壤养分测定分析结果，土壤有机质总体含量较高，有效磷含量也较高，土壤速效钾含量中等，但小于60mg/kg的缺钾土壤占30%左右。土壤有效锌含量较高，很少有缺锌土壤，但土壤有效硼平均含量很低，土壤有效硼含量在0.5mg/kg以下的缺硼土壤占90.0%以上。水网平原土区土壤地力培肥主要是要促进土壤中有效养分的循环与利用。要采取降低地下水位，增加土壤通气性，增施有机肥、实施秸秆还田，增施复合肥与钾肥等措施。

三、河谷平原土区

河上镇原大桥乡以南河（溪）流两侧的狭长地带，为溪滩地，多数种植水稻。河谷平原地势有不明显起伏，从山边向河道缓缓倾斜。大部分排水良好，但是里进田地势较低，土壤内部容易积水，趋向死板或烂糊，应注意排水措施。主要种植模式为小麦–晚稻或单季晚稻、早稻–晚稻双季稻，种植鲜食玉米、蔬菜、花木、水果等。

据2008年全区标准农田地力调查及本次耕地地力评价调查分析，河谷平原稻区土壤变化较大，其中有机质含量、土壤速效钾含量中等，土壤有效磷含量提高快，普遍缺硼，部分土壤质地黏重、保肥保水性好，部分土壤质地较差。河谷稻区土壤地力培肥主要是要促进土壤中有效养分的循环与利用。要采取降低成本地下水位，增施有机肥、实施秸秆还田，增施复合肥与钾肥等措施。

四、低山丘陵土区

萧山区南部山区及半山区山地，以种植果树、林木为主。低山丘陵区位于本区南部东西两侧的山区、半山区，地形特征起伏破碎。该区土壤厚薄不一，相差悬殊，加之人为的不合理利用，容易造成水土流失。因此，针对该区的这些情况，应该加强农田水利设施建设，改良耕层土壤，增施有机肥。同时，做好低丘地区的水土保持工作，进一步改善农作物立地条件，提高土地综合生产能力。

第六章　耕地地力建设与管理

第一节　耕地地力建设

耕地地力是耕地潜在生产能力高低的综合体现，地力高低既标志着耕地质量的好坏，也是土壤肥力状况的客观反映。耕地地力高低除受人为进行长期农业生产耕作活动因素影响外，还受气候、水文、地形、母质等因素影响。

根据第二次土壤普查、土地资源评查和近几年测土配方施肥监测，反映出了萧山区耕地地力现状的很多问题。如东部地区土壤耕作层浅薄，土壤返盐；南部水网平原土壤质地黏冷渍；耕地地力地区间差异较大；低产田（地）地力差，抗旱能力不足等状况，较大程度影响了萧山区耕地综合生产能力的提高。

一、加深耕层深度

耕作层是作物根系密集层、活动层和养分贮藏、供给层，是作物养分吸收的主要层段，其厚度是土壤肥力高低的重要指标之一。根据测土配方施肥土壤样点采集及地力评价的样点数据，萧山区土壤平均耕层厚度为17.91 cm，最大耕层厚度均可达25 cm，最浅耕层厚度仅为11 cm。不同地区土地利用类型的土壤耕层厚度平均值差异较大，东部沙地区为17.46 cm，南部水网平原区为18.72 cm。根据调查，东部地区部分水田土壤耕层厚度较浅薄，最浅耕层厚度仅为11 cm，主要为种植水稻田块，而种植蔬菜地耕层厚度较厚；南片河谷平原稻区部分田块土壤耕层厚度较浅薄，最浅耕层厚度仅为14 cm。由于前几年来推广小型机械收割，犁底层抬高加速了耕层变浅的趋势，因此，建议推广有利于加深耕层的耕作方法，使之逐年加深耕层，改善土壤结构，加速土壤熟化，给农作物生长发育创造一个良好的土壤客观条件；南片稻区特别应提倡冬季深耕晒垡，改善土壤结构，疏松土壤，协调水、肥、气、热关系，促进土壤养分矿化，防止土壤板结。

二、平衡土壤养分

土壤是贮存和提供作物营养吸收的场所，土壤中有机质、有效磷、速效钾的含量直接影响作物养分的吸收状况。萧山区土壤有机质含量总体水平较高，土壤有机质含量平均为22.71g/kg，其中含量小于等于30g/kg的占74.8%，主要集中在10~20g/kg，占64.8%；以有机质含量15g/kg为标准，低于这个标准的面积占37.2%。与第二次土壤普查结果相比，有机质含量水平出现了总体上的提升，其中有机质含量低于15g/kg的耕地由原来的49.52%下降到本次的37.2%。土壤有效磷（Olsen法）含量平均为34.22mg/kg，总体较为丰富，但分布很不均匀，其中小于等于5mg/kg占27.7%；土壤有效磷（Bray法）含量平均为19.41mg/kg，总体水平一般，差异也很巨大，其中小于等于7mg/kg占73.9%，与第二次土壤普查结果相比，土壤有效磷含量均显著增加。土壤速效钾平均含量74.96mg/kg，土壤速效钾含量中等，其中含量小于等于60mg/kg的占27.9%，与第二次土壤普查时比较，含量平均下降16mg/kg，其中旱地土壤下降幅度最大，水田土壤次之。总体上说，与第二次土壤普查数据对比，经过30年的改良，萧山区土壤有机质含量明显上升；土壤速效磷含量增加了1倍多，幅度提高较大，但部分地区还是较低；速效钾含量平均下降16mg/kg。这主要是产业结构调整和种植制度的改革，农民开始注重有机肥和磷钾肥的施用，同时经过优化配方施肥和测土配方施肥，推广了三元复合肥应用的结果。建议继续大力宣传提倡增施农家有机肥，秸秆归田，调整种植结构，推行测土配方施肥，调整化肥施用品种，推广配制复混肥，南部地区和东部围垦区要适当增施磷肥，以达农业增产节本、改良土壤的目的。

三、降低盐分

对全区803个样点的土壤样品进行分析测定，全区土壤水溶性盐平均含量0.79g/kg，综合来看，总体情况较好，但是不同区域不同土壤类别差异很大，含量最高的是临江街道、前进街道和围垦地区，分别为1.25g/kg、1.18g/kg和1.67g/kg，属于盐渍化土壤范畴，这3个区域均是由海涂围垦而来，土壤为受涌潮顶托及盐分滞凝作用而回溯沉降的浅海泥沙，由于形成历史较其他区域而言较短，最新的则只有几年至几十年，因此，土壤含盐量较高。虽经历较长时间的洗盐、排盐过程，但是由于本底较高以及咸性地下水浸润，土壤水溶性盐总量仍然处于较高水平。而其他滨海平原地区都属于垦种历史在一、二百年左右的钙质潮土，属目前滨海土壤发育的高级阶段，土壤已基本脱盐、脱钙。主要改良措施为加强农田水利建设，增施有机肥，降低地下水位。

四、改造中低产田

对中低产田（地）的改造是一项保护耕地地力的重要措施，加大中低产农田改造的力度是当务之急。萧山区中低产农田的类型较多，主要有东部咸性缺素土、缺素土、低丘垄田、低洼大畈的冷渍田、烂糊田等，这些中低产田的共同低产因子是：酸、瘠、浅、漏、汀、黏。要继续做好农田基础设施建设，大面积推广沃土工程，进一步从政策上鼓励农民增加有机肥投入，使萧山区中低产农田得到快速提高。

五、保护耕地

保护耕地问题是当务之急，随着本区人口的不断增长，经济建设的迅猛发展，小城镇以及城乡一体化建设的推进，非农用地对耕地的逐渐侵占，耕地数量逐年减少，人均占有耕地面积连断下降，人地矛盾日益突出，加之本区耕地数量和质量在地域分布上的不平衡性，优质高产耕地绝大部分分布于中部平原区及集镇附近。虽然这几年国土资源局统计，耕地占补平衡，略有节余，然而仅仅是数量上的平衡，在其质量上绝对平衡不了。建议进一步树立耕地保护"一要吃饭、二要建设"的指导原则，做好"基本农田保护条例"的贯彻实施，增强忧患意识，特别要保护好现有耕地、粮田、基本农田和标准农田，努力提高其综合生产能力，重新把粮食"亩产"的概念引入耕地产出率上来。

第二节　区域土壤改良利用

通过本次耕地地力评价调查，在摸清全区的土壤类型、土壤分布、土壤养分、土壤理化性状、土壤在农业生产中的障碍因子的基础上，进行土壤的改良与利用。

一、滨海平原区改良利用

滨海平原区外侧为脱盐土，是新成海涂向钙质潮土发展的过渡类型，已经基本脱离海水影响，但是受咸性地下水浸润，具有一定的盐害，主要包括农业开发区、临江、前进、新湾街道和义蓬、河庄街道的一部分；而内侧的广大地区由于长期的开发利用，土壤已基本脱盐、脱钙，具备一定厚度的耕作熟化层，土壤肥力也有较大提高，主要包括瓜沥、党山、益农、党湾、靖江等镇（街道）及义蓬、南阳、河庄街道的一部分。滨海平原区改良利用主要是要搞好二、三级排灌设施的配套，增开田间大格子内的排水沟，以利于引淡洗盐；提倡秸秆还田，水旱轮作，配施钾肥，重点增加土壤有机质，培肥地力，加速土壤熟化。控制化学氮肥，稳定磷肥，适当配施钾肥，协调土壤三要素比例，发展微量元素应用科学实验，因土制宜配施硼、锌等微量元素。

二、水网平原土区改良利用

北海塘以南到河上镇原大桥乡以北的广大水网平原地区，即通常所说的"水稻区"，主要包括衙前、所前、临浦等镇。水网平原区地势低平，补给水源丰富，灌溉方便，但由于内水排泄不畅，易受涝受渍。改良利用措施主要是兴修高效益的排灌设施，大畈实行分畈排水，搞好以改善蜀山平原排灌条件为重点的南控北导工程，控制外来水补给，增大土壤内水排泄量，进一步提倡精耕细作，改机械旋耕为犁耕，逐年深翻，增厚熟土层。增施有机肥，合理配施钾肥，提高施肥技术水平。

三、河谷平原土区改良利用

河上镇原大桥乡以南河（溪）流两侧的狭长地带，为溪滩地，多数种植水稻。河谷平原地势有不明显起伏，从山边向河道缓缓倾斜。大部分排水良好，但是里进田地势较低，土壤内部容易积水，趋向死板或烂糊，应注意排水措施。南片稻区土壤地力培肥主要是要促进土壤中有效养分的循环与利用。主要是要采取降低地下水位，增施有机肥、实施秸秆还田，增施复合肥与钾肥等措施。

四、低山丘陵土区改良利用

萧山区南部山区及半山区山地，以果树、林木为主。低山丘陵区位于本区南部东西两侧的山区、半山区，地形特征起伏破碎。该区土壤厚薄不一，相差悬殊，加之人为不合理地利用，容易造成水土流失。因此，针对本区的这些情况，应该加强农田水利设施建设，改良耕层土壤，增施有机肥。同时，做好低丘地区的水土保持工作，进一步改善农作物立地条件，提高土地综合生产能力。

第三节 耕地资源与种植业结构调整对策与建议

根据客观自然规律，耕地的立地条件，按照使自然资源利用效益最大化和社会对其需求的要求，进行耕地资源的科学合理配置，使之形成专业化、功能化、商品化生产。因此，对耕地资源配置种植业结构时应科学地考虑其客观自然规律，考虑农作物适宜性和农产品的社会责任，切忌任凭主观臆想，违背客观规律和社会责任而任意调整种植业结构，否则必定要受自然客观规律惩罚。

依据科学发展观，合理配置和利用耕地资源，实现种植业区域化、专业化、商品化，因地制宜地规划一区域内主导产业和多元适宜作物配置以达耕地资源效益最大化，农业增效，农民增收，同时体现农产品社会责任的目的。

"十四五"期间，要围绕粮油传统产业和蔬菜、花木、茶果、水产、畜牧等五大优势特色主导产业，充分发挥区域比较优势，积极调整农业结构，加快发展优势特色产业。围绕粮食生产功能区提标改造、粮食生产能力稳定提升、粮食生产提质增效三大方向，全面开展粮食生产功能区提标改造和农田质量提升，确保粮食生产质量有提升、产值有增长。粮食播种面积稳定在19.11万亩左右，粮食总产量提高到7.1万t。落实"菜篮子"市长负责制，以菜篮子基地为重点，加大蔬菜基地设施化、良种化、机械化、标准化、数字化改造提升，加强新品种、新技术的引进与示范推广，全区蔬菜播种面积稳定在20.4万亩左右，总产量58万t，总产值12.4亿元。实施水果品种改良、品质改进、品牌创建"三品"提升行动，优化水果品种结构；依托杨梅、蜜梨、葡萄等品牌基础，打响萧山区名优水果品牌。引导茶产业转型升级，着力构建茶产业、茶生态、茶经济、茶旅游、茶文化有机融合、协调发展的现代茶产业发展体系，促进茶产业发展，保持全区茶果面积基本稳定。以市场为导向，以质量提升、档次提高为抓手，积极创建省部级水产健康养殖示范场，促进水产向设施化、规模化、标准化、品牌化方向发展，推广多品种生态立体混养、稻鱼共生轮作、循环流水养鱼系统等技术模式，实现全区渔业产值12.5亿元。有序推进萧山花木产业的调整，推进花卉苗木种植从中心城区向南部和区外转移，鼓励发展高档观赏花卉，积极引进新优品种，提高花卉苗木的标准化生产、品牌化销售、社会化服务，提升产业的集群化水平。按照生态优先、供给安全、稳定提质、服务升级的要求，以"稳定猪禽、发展牛羊兔、发展蜜蜂业"为主线，调整优化畜牧业的区域结构、品种结构和产业结构，推进畜禽生态化、设施化规模养殖，全区畜牧产业产值达到20亿元。要进一步完善区域产业布局，加快建设特色产业基地，重点抓好粮油、蔬菜、茶果、花卉苗木和水产等产业带建设。为了进一步合理配置耕地资源，加快现代农业建设步伐，将重点围绕粮食、蔬菜、茶果和花木等主导产业进行结构调整。

一、粮油产业

"十四五"期间，粮食播种面积稳定在19.1万亩左右，粮食总产量稳定在7.1万t。其中，水稻10.0万亩，大豆1.5万亩，春粮5.0万亩，旱杂粮2.6万亩；稳定油菜面积4.0万亩，提升粮食生产功能区15万亩。东片"粮油水旱轮作生态栽培产业带"主要种植模式以春粮（油菜）–晚稻、春粮/大豆–晚稻和蔬菜–晚稻为主，其中东片沙地地区重点做好种植结构的调整，形成"蔬菜–水稻"的水旱轮作种植区；北部围垦区主要建成"小麦、蔬菜、鲜食大豆–晚稻"等稻麦、菜稻混作区。南片"水网平原无公害优质稻米产业带"继续以小麦–晚稻或单季晚稻为主，适当恢复油菜与旱杂粮，发展为"油菜–晚稻"的稻麦两熟种植区；在河谷平原恢复发展成"早稻–晚稻"的双季稻种植区；在低丘缓坡地区重点发展甘薯、鲜食玉米、蚕豆等旱粮作物种植区。

一是加强耕地保护。严格执行《中华人民共和国农业法》《中华人民共和国土地管理法》等一系列法律法规，认真落实国家一系列耕地保护措施，加大依法管理土地的力度。二是加快实施标准农田质量提升工程。以秸秆还田、稻田养禽、增施有机肥为基础，大力推广测土配方施肥、专用肥和生物肥，改良土壤，培肥地力。三是创新农作制度，推进高产创建。重点发展"蔬菜–水稻"周年轮作种植模式，形成多种形式的水旱轮作、粮经兼顾、生态高效的种植模式。四是大力推广"三新技术"。大力推进小麦低耗增效栽培技术、油菜"双低双高"综合高产技术、鲜食旱粮优质高效栽培技术、水稻精确定量栽培技术等。

二、蔬菜产业

"十四五"期间，全区蔬菜播种面积稳定在20.4万亩左右，总产量稳定在58万t，总产值提高到12.4亿元，大棚设施蔬菜增加到1.5万亩。巩固东片垦区加工出口蔬菜基地，蔬菜复种面积15.0万余亩；稳定城郊蔬菜，蔬菜复种面积1.5万余亩；稳步发展南部稻区蔬菜基地，蔬菜复种面积3.9万亩。

一是优化产业布局，实施基地转移工程。东部地区在稳定加工出口蔬菜基地的基地上，向设施化、标准化、科学化栽培方向发展，在有限的土地上产出优质高产的蔬菜；南片地区进一步实施"北菜南移"工程，要扩大加工出口蔬菜基地的规模，逐步建立配套蔬菜加工企业。二是加强基础设施投入，提高抗灾能力。加强对规模化、产业化生产的蔬菜基地进行基础设施配套建设，特别是要加大对南片蔬菜基地的设施建设；要增加投入，加快基本农田和标准农田的地力调查，建立耕地质量管理体系，努力培肥地力；加大对保护地蔬菜生产设施的投入，提高蔬菜抗灾能力。三是实施科技创新，提高科技贡献率。加大新品种引进与种苗基地建设，建立三级试验示范体系；示范推广无公害标准化生产技术，要示范推广防虫网覆盖栽培、频振式杀虫灯、昆虫性引诱剂水旱轮作等安全生产技术。

三、花卉苗木产业

"十四五"期间，在确保粮食生产功能区粮食生产能力的前提下，花木种植面积基本稳定，拓展区外新建基地，实现年产值稳中有升。

一是优化产业结构，提升市场竞争力。要调整传统品种结构，发展观花、观果和观叶的植物以及地被植物；要加强花木新品种的引进、开发和推广，实施种子种苗工程，占领市场制高点；要生产多元化产品，适应庭院绿化、居民个人消费需求；要适当发展外销产品，拓展国际市场。二是提高科技含量，强化科技支撑。要大力实施标准化生产，提高植株的一致性、可观赏性；要发展容器育苗，降低生产成本；要推广设施栽培，降低劳动强度、提高劳动效率。三要完善信息网络，拓展市场功能。要构建通畅的花木生产、营销信息系统；提升现有花木交易市场档次，加大硬件设施投入力度，提升软件服务水平。

四、茶果产业

"十四五"期间，引导茶产业转型升级，着力构建现代茶产业发展体系，茶园面积基本稳定，产值提升。实施水果"三品"提升行动，打响萧山名优水果品牌，水果种植面积基本稳定，产值提升。

引导茶产业转型升级，着力构建茶产业、茶生态、茶经济、茶旅游、茶文化有机融合、协调发展的现代茶产业发展体系，促进茶产业发展。茶叶生产以区域品牌布局产业基地，通过优化改造提高茶园质量，加快推进标准茶园建设，全面应用标准化生产技术，确保产品质量安全，培育壮大茶叶加工营销企业。实施水果品种改良、品质改进、品牌创建"三品"提升行动,优化水果品种结构,稳定杨梅、蜜梨种植面积,控制葡萄发展,适当发展樱桃、蓝莓等小型水果;推广控产提质先进适用技术,提高设施化栽培水平,建立全程质量管理制度;依托杜家杨梅、浦阳蜜梨、美人紫葡萄等品牌基础,打响萧山名优水果品牌。

五、水产产业

"十四五"期间,促进水产产业向设施化、规模化、标准化、品牌化方向发展,养殖面积基本稳定,实现渔业产值12.5亿元;完成2家省级渔业健康养殖示范场创建。

以市场为导向,以质量提升、档次提高为抓手,积极创建部省级健康养殖示范场,促进萧山水产向设施化、规模化、标准化、安全化、品牌化、一体化的现代生态渔业方向迈进。推广水产养殖塘生态化改造、多品种生态立体混养、稻鱼共生轮作、循环流水养鱼系统及微生物水质调节剂应用等技术与模式。加强水产养殖尾水治理,推进规模场的养殖尾水处理设施建设与运行。强化地理标志保护,提升已有农产品牌价值,打造萧山区域公共品牌,打响"萧山白对虾""萧山甲鱼"两大行业品牌。

第四节　加强耕地质量管理的对策与建议

耕地是社会经济发展最重要的基础资源之一,耕地质量是农产品质量安全的前提,与人民生活水平的提高及社会发展息息相关。随着《中华人民共和国农产品质量安全法》的实施,对农产品质量安全进行监督,保证老百姓吃得安全、吃得放心,首先要求我们的土壤安全,肥料投入合理。同时,对环境生态的保护也要求我们进行合理的耕作和施肥。因此,我们要充分发挥农业部门在耕地质量管理上的积极作用,为领导决策提供参考。

一、建立健全耕地质量监测体系和耕地资源管理信息系统

1.建立健全耕地质量监测体系

加强地力监测网络建设,加快监测点配套建设。目前,本区已建成了省级耕地地力长期定位监测点6个,市级土壤肥力定位监测点3个,区级土壤肥力监测点3个,市级蔬菜地监测点15个,开展有关土壤、水的监测工作;开展测土配方施肥的研究与试验,在做好全区耕地地力监测的基础上,加强组

织开展为农产品安全生产服务的检测研究。抓好耕地质量监测、管理等配套技术规程和标准的制定工作，指导广大农民合理科学施肥，维护耕地质量。

2. 建立健全地力信息网络系统，实行信息共享

通过改进、提高耕地地力信息技术，优化耕地资源管理信息系统功能，不断充实和完善基础数据库，提高耕地地力信息系统的开发利用效率，为调整、优化农业产业结构，发展区域性特色农业产业，发展、扩大绿色农产品和有机农产品的种类及规模提供科学依据和信息交流平台。

3. 建立土壤质量预测预报系统

在研究土壤障碍因子诊断指标的基础上，根据各种耕地土壤的实际状况，设立全区耕地土壤质量监控点，分析各监控点的土壤理化性状和土壤环境变化趋势，预测预报土壤障碍因素的变化及土壤污染的发生、发展状况，及早提出预警报告，准确、及时地为农业生产提供预防、治理和改良措施及土壤培肥的指导性意见。

二、健全耕地保养管理法律法规体系，依法加强耕地地力建设与保养

根据《中华人民共和国农业法》和《基本农田保护条例》等有关法律、法规，依法加强耕地地力建设与保护是当前本区发展现代农业的一项至关重要的基础工作。没有耕地农业生产就无从谈起，若耕地质量衰退，就会影响本区粮食安全。因此，当前要抓紧制订适合本区的《耕地保养管理办法》等地方性政策文件，对耕地使用和监护管理、中低产耕地的改造和地力提升以及对耕地地力、环境状况的监测和评价等作出较为具体的政策性文件，把建立耕地保护监督管理制度，建立健全耕地质量监测体系，加强耕地质量保护等工作纳入法制化轨道，努力健全耕地保养管理的政策体系，促进农业生产持续、稳定发展。

三、制定优惠政策，建立耕地保养管理专项资金，加大政府对耕地质量建设的支持力度

培育耕地质量是农业生产的一项最为重要的基础建设，农业部门要积极做好各级政府，特别是财政部门的参谋，将耕地质量建设纳入财政预算，列为重点支农项目，建立耕地保护专项资金，多渠道开拓资金来源，制定多种优惠政策，加大对耕地质量建设的投入力度，积极保护与改良耕地质量，提

高耕地综合生产能力，促进我区农业持续发展。

重点抓好以下几方面工作来保护和提升耕地质量。

1. 采取工程、生物、农艺等综合措施，改造中低产田

根据《萧山区中低产田改造实施计划》要求，进一步加大投入力度，采取工程、生物、农艺等综合措施，改造中低产田，使萧山区二、三等级耕地地力普遍提高一个级别，基本消除五级耕地，减少低产田面积。

2. 严格做好耕地占补平衡

严格控制高质量耕地征用为非农用地，并做到耕地占补不仅数量平衡，而且要达到质量平衡。

3. 大力推广"沃土工程"

要加强耕地质量建设，大力推广商品有机肥，继续推广秸秆多渠道还田，推广应用测土配方施肥技术，应用作物专用肥、配方肥和钾肥，以保护、提高耕地地力，改善土壤生态环境，提高耕地综合生产能力。

4. 加大无公害基地等的保护

结合本区农业特色产品，无公害农产品、绿色农产品基地建设，依靠科技，开展耕地地力和耕地环境监测，保护好耕地，消除和治理土壤环境污染。

第七章　滨海平原土壤质量与施肥管理措施

　　萧山区东部滨海平原位于本区北部和东片地区，历史上是由新近浅海沉积所形成的平原地。该区地形狭长，地势平坦，地面排水条件良好。滨海平原地区的土壤母质为受涌潮顶托及盐分滞凝作用而回溯沉降的浅海泥砂，形成历史几十年至200多年。在土壤形成的最初阶段，土壤中含盐量较高，可达0.6％以上，其肥力是在自然耐盐植物的生长发育影响下发展起来的，但由于在土壤脱盐过程中不断受到潮水侵袭，肥力发展缓慢。经围堤垦种后，海水影响基本隔绝，而雨水、淡水灌溉以及人为耕作的影响上升为主导地位，从而加速了土壤脱盐淡化过程的进行。随着土地开发利用的进展，粮食、蔬菜、水果以及苗木等栽培植被面积不断扩大，生物成土作用得以大大加强，原始养分开始加速富集和转化。种植过程中，随着大量化肥和有机肥的不断施入，土壤养分和腐殖质含量均有不同程度的提高，剖面层次逐渐发育，生产性能及耕作性获得显著改善。最终，使得萧山东部滨海平原的广大土地逐渐脱去有害的盐分，不断增加人为肥力，发展成为宜种性广泛的肥沃的农业土壤，成为本区主要的农业区域。

　　萧山区历来为粮、棉、麻和多种经营综合农业区。从20世纪80年代开始，萧山区一直贯彻"决不放松粮食生产，积极发展多种经营"的方针，调整农业产业结构，调减棉花、络麻和市场滞销的粮食品种，发展蔬菜、花卉苗木；实施水旱轮作、间作套种等科学耕作制度；推广高产模式栽培、设施栽培以及病虫害综合防治先进技术，提高了粮食品质，增加了农民收入。1990年，全区粮食作物播种面积129.1万亩，粮食总产量47.39万t，年销售商品粮10万余吨；蔬菜面积16.73万亩，总产量27.34万t。从1999年开始，萧山区农业产业结构调整步伐加快，蔬菜等多种经营面积不断增加，2001年，全国开始实行粮食购销市场化改革，出现了政策引导下的粮食面积调减，粮食面积从2000年的119.2万亩调减到2010年的66.45万亩；粮食总产从2000年的40.2万t减少到2010年的24.5万t；平均单产则从2000年的337kg/亩提高到2010年的369kg/亩，增产32kg，增长9.5%。蔬菜种植面积大幅度增加，全区蔬菜种植面积从2000年的32.02万亩提到2010年的43.56万亩，蔬菜总产量从2010年的73.23万t提高到2010年的111.4万t。东部滨海平原逐步形成了"东部粮油水旱轮作生态栽培产业带"和"东片垦区加工出口蔬菜产业带"，其中，晚稻种植面积20万亩，大豆种植面积15万亩，春粮种植面积10万亩，加工出口蔬菜种植面积33万余亩。

　　基于此，我们本次对萧山东部滨海平原区的土壤质量进行了专题调查，以了解当前的种植制度及耕作管理措施对土壤质量的影响，为改善土壤质量、进一步提高农产品产量和质量，保障土地的可持续经营提供理论依据和技术支持。

第一节　东部滨海平原区种植概况

一、耕地面积与分布状况

　　本次专题调查的东部滨海平原区包括益农镇、党山镇、瓜沥镇、坎山镇、党湾镇、河庄街道、义蓬街道、靖江街道、临江街道、南阳街道、新湾街道、前进街道、围垦区、农场区14个镇街及地区，面积共48.21万亩。各镇街耕地面积分布见表7-1。

表7-1　萧山东部滨海平原区耕地面积分布

乡镇	面积（亩）	占比（%）	乡镇	面积（亩）	占比（%）
党山镇	49 230.2	10.2	临江街道	36 027.4	7.5
益农镇	47 839.8	9.9	党湾镇	31 603.7	6.6
瓜沥镇	23 374.9	4.8	新湾街道	31 883.8	6.6
坎山镇	22 085.0	4.6	前进街道	14 961.2	3.1
河庄街道	36 743.6	7.6	南阳街道	12 829.3	2.7
靖江街道	16 180.7	3.4	围垦区	100 331.4	20.8
义蓬街道	45 128.9	9.4	农场区	13 861.7	2.9

二、耕地利用现状

　　2000年以来，萧山区的粮食播种面积逐年下降，粮食品种也由以早稻、晚稻、小麦为主调整为晚稻及鲜食大豆当家。经过几十年的不断发展，目前，萧山区的东部滨海平原经营呈综合性、多样化局面，主要种植制度为大（小）麦、油菜、鲜食大豆、蔬菜–晚稻水旱轮作制模式和鲜食大豆（小麦、油菜、蔬菜）–蔬菜等种植模式。

三、调查方法

根据滨海平原区的实际生产情况，共在14个镇街设采样点768个（图7–1）。样品带回实验室后进行理化性质分析；同时调查各采样点的自然条件、土壤情况及农户施肥、前作当季作物以及产量情况。

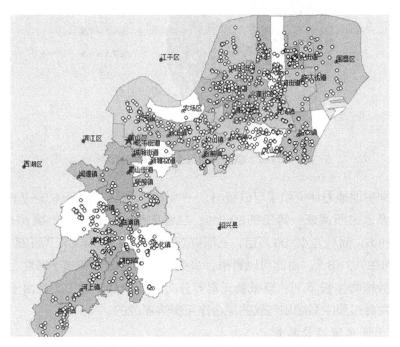

图7–1　萧山区耕地地力评价采样点分布

第二节　耕地土壤质量分析

一、土壤基本属性

1. 土壤pH值

东部滨海平原区土壤pH值绝大多数属于中性偏碱，也有部分土壤pH值微酸性。测定结果表明，这14个乡镇土壤pH值处于5.3~8.6，标准差0.29，变异系数0.04。从不同的pH值分布来看，pH值为7.5~8.5的耕地面积最大，占调查面积的86.8%；其次是pH值处于6.5~7.5的耕地，占调查面积的11.9%，详见图7-2。

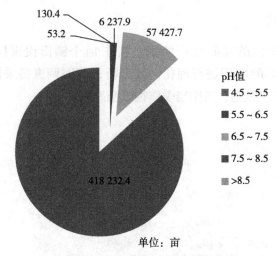

单位：亩

图7-2　滨海平原区土壤pH值分级

　　根据耕地地力评价结果可以看出，一等田土壤pH值处于6.5~7.5的耕地面积居多，占所调查一等田的59.5%；二等田绝大多数耕地土壤pH值都处于7.5~8.5，面积为40.06万亩，占所调查二等田的94.2%；三等田耕地土壤pH值均在7.5~8.5。由此可以看出，滨海平原区土壤大多属于碱性土壤，对一些喜酸植物生长不利，且微量元素养分有效性较低，这主要是由于土壤母质以及发育过程中海潮和气候的综合作用影响形成的。

　　2．土壤水溶性盐总量

　　土壤水溶性盐主要来自海水侵袭以及过量使用化肥等过程，其含量多少对植物生长具有较为明显的影响（表7-2）。滨海平原区土壤水溶性盐总量变化幅度较大，最低的为0.11g/kg，最高的达到了4.17g/kg，属于盐渍土的范围，平均值为0.80g/kg，标准差0.32，变异系数0.40。从整个滨海平原区来看，绝大多数耕地土壤水溶性盐总量小于等于1g/kg，属于非盐渍化土壤，对作物生长不会产生盐害。但是，也有相当一部分面积的耕地土壤水溶性盐总量在1~3g/kg，面积为10.91万亩，占调查面积的22.6%，属于盐渍化土壤范畴。此外，本地区仍然有714.5亩的耕地土壤水溶性盐总量较高，处于3~5g/kg，已经属于中度盐土。这类土壤上，盐分敏感作物生长会受到明显影响，但是一些耐盐作物如苜蓿、棉花、甜菜等可以正常生长。

表7-2　土壤水溶性盐总量与作物生长关系

盐分（g/kg）	盐渍化程度	植物反应
<1.0	非盐渍化土壤	对作物不产生盐害
1.0～3.0	盐渍化土壤	对盐分极敏感的作物产量可能受到影响
3.0～5.0	中度盐土	对盐分敏感作物产量受到影响，但对耐盐作物无多大影响
5.0～10.0	重盐土	只有耐盐作物有收成，但影响种子发芽，而且出现缺苗，严重影响产量
>10.0	极重盐土	只有极少数耐盐植物能生长

根据耕地地力评价结果可以看出，一等田土壤水溶性盐总量基本都小于1.0g/kg，占所调查一等田的95.9%；二等田绝大多数耕地土壤水溶性盐总量也都小于1.0g/kg，但水溶性盐总量处于1~3g/kg的耕地面积大大增加，为10.64万亩，占所调查二等的25.0%；二等田中还有714.5亩耕地土壤水溶性盐总量为3~5g/kg；三等田大多耕地土壤水溶性盐总量小于1.0g/kg，面积为907.1亩，占所调查三等田的68.2%；处于1~3g/kg的面积为422.4亩，占所调查三等田的31.8%（图7-3）。由此可以看出，尽管滨海平原地区土壤经过多年的垦殖以及隔绝海水的措施，土壤水溶性盐总量得到了明显的改善，但仍然有很大面积的轻度盐渍化土壤和小面积的中度盐土，影响了耕地地力和作物产量，也将是我们改造的重点。

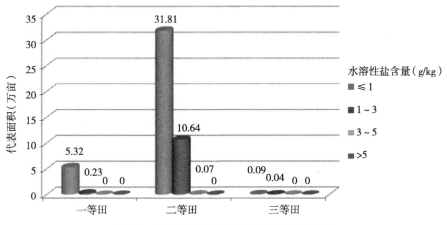

图7-3　滨海平原区土壤水溶性盐总量分级

3.土壤阳离子交换量

土壤阳离子交换量是评价土壤保肥、供肥和缓冲能力的一个重要指标，也是改良土壤和合理施肥的重要依据。一般认为土壤阳离子交换量在20cmol/kg以上为保肥力强；10~20cmol/kg为保肥力中等；小于10cmol/kg为保肥力弱。滨海平原地区土壤阳离子交换量最低为2.93cmol/kg，最高为24.07cmol/kg，平均值10.52cmol/kg，标准差2.47，变异系数0.23，总体保肥能力处于中等偏低水平。总体来看，滨海平原区超过一半的耕地土壤阳离子交换量较低，小于10cmol/kg，面积为28.12万亩，占调查面积的58.3%；土壤阳离子交换量处于10~20cmol/kg的耕地面积为19.70万亩，占调查面积的40.9%；只有少量的耕地土壤阳离子交换量大于20cmol/kg，保肥能力较强，面积为3 871.3亩，仅占调查面积的0.8%（图7-4）。

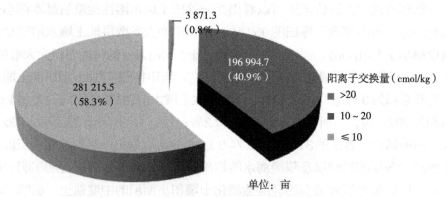

图7-4　滨海平原区土壤阳离子交换量分布面积

耕地地力评价结果表明，一等田土壤阳离子交换量大多处于10~20cmol/kg，占所调查一等田的75.7%；有6.9%的一等田土壤阳离子交换量大于20cmol/kg，但也有17.4%的一等田土壤阳离子交换量小于等于10cmol/kg；二等田中，几乎没有耕地的土壤阳离子交换量大于20cmol/kg，大多数都小于等于10cmol/kg，占所调查二等田的63.6%；36.4%的二等田土壤阳离子交换量为中等水平；三等田土壤阳离子交换量较低，全部小于等于10cmol/kg，表明土壤保肥能力很差，需要进行人为改良（图7-5）。

二、土壤养分含量

1.土壤有机质

本次调查，滨海平原区土壤有机质含量最低值为6.38g/kg，最高为

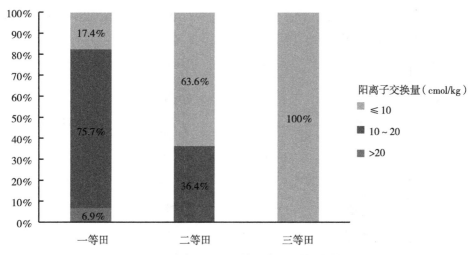

图7-5　滨海平原区土壤阳离子交换量分级

35.22g/kg，平均含量16.76g/kg，标准差3.26，变异系数0.19，有机质总体水平偏低。分析表明，本地区绝大多数耕地土壤有机质含量处于10～20g/kg，面积41.48万亩，占调查面积的86.1%；有机质含量小于等于10g/kg的耕地面积为1.01万亩，只占调查面积的2.1%。有机质含量较高的耕地面积较少，处于30～40g/kg范围的耕地面积仅1 064.3亩，占调查面积的0.2%（图7-6）。

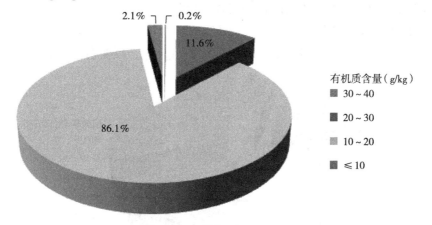

图7-6　滨海平原区耕地土壤有机质含量分布

　　分析表明，一等田土壤有机质含量均大于10g/kg，其中10～20g/kg含量范围的耕地面积最大，占一等田的59.6%；大部分二等田土壤有机质含量都处于10～20g/kg的范围内，占二等田的89.6%；其余有少部分的二等田有机质含量小于等于10g/kg；三等田有机质含量都比较低，处于10～20g/kg的范围的耕地面积为718.2亩，占三等田的54.0%；小于等于10g/kg的耕地面积为611.3亩，占三等田的46.0%（图7-7）。

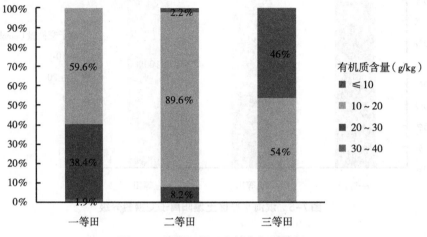

图7-7 滨海平原区土壤有机质分级

2. 土壤有效磷

滨海平原区土壤有效磷含量（Olsen法）处于3.39~236.77mg/kg，平均为31.43mg/kg，标准差17.88，变异系数0.57。本地区土壤有效磷相对较为丰富，含量大于40mg/kg的耕地占调查面积的31.4%；含量在30~40mg/kg的占20.9%；含量在20~30mg/kg的占25.7%；含量在10~20mg/kg的占19.0%；还有2.9%的耕地含量小于等于10mg/kg，需要增施磷肥（图7-8）。

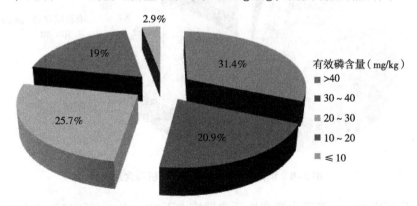

图7-8 滨海平原区耕地土壤有效磷（Olsen法）含量分布

3. 土壤速效钾

滨海平原区土壤速效钾含量处于24~312mg/kg，平均为65.20mg/kg，标准差24.35，变异系数0.37。滨海平原由于其母质的关系，土壤速效钾含量相对较为丰富，大多数耕地土壤速效钾含量在50~80mg/kg，占调查面积的45.1%；含量在80~100mg/kg的占21.5%；含量在100~150mg/kg的占11.6%。此外，含量小于等于50mg/kg的耕地占19.6%，要注意施用钾肥。还有2.2%的耕地土壤速效钾含量大于150mg/kg，钾素营养比较充足，可以适当少施钾肥，降低生产成本（图7-9）。

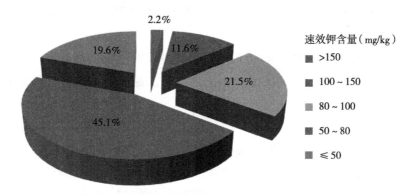

2.2%

11.6%

19.6%

21.5%

45.1%

速效钾含量（mg/kg）
- >150
- 100~150
- 80~100
- 50~80
- ≤50

图7-9　滨海平原区耕地土壤速效钾含量分布

4. 土壤镁、锰、锌、硼有效含量

萧山区滨海平原地区土壤交换性镁含量处于61.40~3 048.00mg/kg，平均含量659.56mg/kg，标准差640.61，变异系数0.97。土壤有效锰含量处于0.70~40.20mg/kg，平均含量7.56mg/kg，标准差6.20，变异系数0.82。土壤有效锌含量处于0.30~94.07mg/kg，平均含量2.72mg/kg，标准差4.65，变异系数1.71。有效锰和有效锌个别样点的含量已经超出正常范围，其中有效锌的最高含量已经是污染水平，这可能与采样点附近有工业污染源有关系。土壤水溶性硼含量处于0.14~3.56mg/kg，平均含量0.69mg/kg，标准差0.34，变异系数0.49。硼对于油菜的生长非常重要，加之滨海平原地区是萧山最重要的油菜生产基地，因此，应根据本次地力评价结果，有针对性地喷施硼肥。

第三节　存在的主要问题及对策

一、土壤pH值偏高

土壤pH值一方面取决于母质来源和成土条件，另一方面，耕地土壤由于受人为耕作、施肥、灌溉等因素的影响，其酸碱度又与自然土壤有所区别。萧山滨海平原地区土壤偏碱性主要是由母质和土壤发育过程所决定的。在刚围垦时，由于土壤中含盐较高，水溶性钠盐的水解导致土壤产生强烈的碱性反应。多年来，雨水和人为的灌溉以及耕作影响上升为主导作用，使得土壤pH值逐渐下降，但是仍然对一些粮食作物产量具有较大的影响。

土壤碱性可以通过物理及化学措施进行调节，主要为去除多余的盐分、适量施用酸性肥料、增施农家有机肥以及通过种植耐碱作物逐渐改良等。

1. 加快以水洗盐

在平整土地过程中，要加深耕作层；加强田间水利设施建设，采取深沟高畦，降低地下水位；利用灌溉水洗盐土，加速土壤脱盐；加强地面覆盖，防止土壤返盐。

2. 施用酸性肥料

施用生理酸性肥料，如硫酸铵、氯化铵、过磷酸钙、磷酸二氢钾、硫酸钾等。例如，硫酸铵，作物吸收其中的 NH_4^+ 多于 SO_4^{2-}，残留在土壤中的硫酸根与作物代换吸收释放出来的 H^+（或离解出来的 H^+）结合成硫酸从而使土壤酸性提高。此外，施用石膏和硫黄等也是改良碱土的理想手段。一些含有较高浓度的碳酸钠和碳酸氢钠的碱土可以通过施用石膏来改良。石膏可与土壤溶液中的碳酸钠、碳酸氢钠反应，生成硫酸钠，同时石膏中的 Ca^{2+} 可置换土壤胶体上的 Na^+，形成不易分散的钙胶体。同时，施用石膏还可以给土壤增加钙肥和硫肥，对碱土改良效果明显。

3. 增施有机肥

对于中性偏碱或碱性不强的耕地土壤，可以通过种植绿肥和增施有机肥的方法来改良。适当施用有机肥，不仅可以提高土壤的肥力，供给作物生长必需的养分，而且还能改良土壤结构，提高土壤缓冲能力。有机肥中大量的腐殖酸可以中和部分土壤碱性。

4. 种植耐碱作物，坚持水旱轮作

在偏碱性土壤上种植一些耐碱作物，如棉花、豆科作物、麻类、大麦等，可以提高土地利用率，达到边利用边改造的效果，但是效果相对较慢。坚持水旱轮作是改良碱性土壤的一个重要手段。实行水旱轮作，通过种植水稻，可显著降低土壤表层含盐量，并促进有机质的富集和土壤熟化。随着土壤熟化程度的提高，滨海平原的涂砂土和咸砂土逐渐发展成淡涂砂，pH值趋向中性。

二、土壤盐分含量较高

经过长期的人为改造和农业耕作，滨海平原地区绝大部分耕地土壤水溶性盐总量已经低于1g/kg，对作物生长没有影响。但是，我们也看到仍然有10.91万亩的盐渍化土壤，以及少量面积的中度盐土，对作物产量造成影响。本地区土壤盐分主要是来源于土壤母质和海潮侵袭，目前没有发现与不合理灌溉和化肥施用有关系。

本地区耕地土壤经过长期的人为改造，已经基本脱去了盐分，今后应该针对部分含盐量较高的土壤进行专门洗盐改造，具体改造措施与土壤碱性改良相类似，主要为加强田间水利设施建设，新建及维修排灌沟渠，降低地下水位；实行水旱轮作，以水洗盐；增施石膏等土壤改良剂等。

三、土壤保肥能力差

滨海平原地区土壤主要为中咸砂土、流砂板土以及潮闭土等，土质以砂土为主，占耕地总面积的68.3%，其次是砂壤土和壤土。砂质土壤阳离子交换量较低，土壤肥力快而不持久，作物后期常易脱力早衰。另外，水溶性盐总量较高的土壤，由于盐分占据了土壤胶体的表面电荷，降低了土壤胶体对其他阳离子养分的吸附作用，影响了土壤保肥性能。

土壤阳离子交换量主要受几个方面的影响：一是土壤胶体类型，不同类型的土壤胶体其阳离子交换量差异较大，例如，有机胶体>蒙脱石>水化云母>高岭石>含水氧化铁、铝；二是土壤质地越细，其阳离子交换量越高；三是土壤黏土矿物的SiO_2/R_2O_3比率越高，其交换量就越大；四是土壤溶液pH值，土壤胶体微粒表面的羟基（OH^-）的解离受介质pH值的影响，当介质pH值降低时，土壤胶体微粒表面所负电荷也减少，其阳离子交换量也降低；反之就增大。因此，可以通过以下3个方面进行土壤改良。

1.增施有机肥

因为有机胶体具有非常大的比表面，且可与土壤中的矿质胶体结合，形成有机-无机复合胶体，因此，土壤有机质含量高的土壤其保肥能力也较强。在阳离子交换量较低的耕地上，应该增加有机肥或厩肥的投入，改善土壤结构，增加土壤的缓冲性能。

2.降低土壤盐度

盐溶液浓度和pH值都会影响土壤阳离子交换量，因此，降低水溶性盐总量，调节土壤pH值的同时，也能明显增加土壤的保肥能力。

3. 施用保水剂

土壤保水剂能增加土壤团聚体,改善土壤结构。保水剂在土壤中吸水膨胀,把分散的土壤颗粒黏结成团状块,使土壤容重下降,孔隙度增加,调节土壤中的水、气、热状况使之有利于作物生长。土壤保水剂在提高土壤保水能力的同时,也能提高土壤保肥能力。保水剂表面分子有吸附、离子交换作用,肥料中的阳离子如铵离子能被保水剂中大量可解离的离子交换或络合,以"包裹"的方式把铵离子包裹起来,减少肥素淋失。需注意的是,有些肥料元素会使保水剂失去亲水性,降低保水能力,故保水剂不能与锌、锰、镁等二价金属元素的肥料混用,可与硼、钼、钾、氮肥混用。研究表明,尿素等非电解质肥料与保水剂结合应用,保水剂的保水和保肥作用都能得到充分发挥。

四、土壤养分含量偏低

土壤养分含量除了受土壤本身的性质影响外,还与人为耕作管理有很大的关系。如果耕作管理精细,生产条件和栽培技术都较高的话,土壤有效肥力则相应较高。从调查结果来看,滨海平原区土壤有机质含量总体较低,而有效磷、速效钾含量尚可;土壤中、微量元素除了个别取样点可能受到附近工业污染而含量较高外,基本处于正常范围。

1. 增施有机肥

要通过推广种植冬绿肥,大面积推广秸秆还田技术,多方面地投入来增加有机肥的施用量,保证每年投入有机肥用量在 1 000 kg/亩。首先要增施腐熟的有机肥,要充分利用本区现有 36 个万头猪场的有利条件,推广应用腐熟猪粪或加工后的猪粪(商品有机肥),以供作物生长需要,边产出,边提高;其次要通过稻草还田、稻草覆盖等方法增加有机肥料的投入,增加有机质的积累;再次要通过种植冬绿肥、经济绿肥等方式,来达到以肥养肥,提高地力的目的。

2. 推广测土配方施肥技术

要切实注意养分平衡、科学投入,推广测土配方施肥技术,在增施有机肥的基础上,适当增施钾肥,因地制宜地补充磷肥,平衡施用氮、磷、钾比例,提高耕地产出率。

第四节　滨海平原区耕地治理措施与培育管理

综合滨海平原区耕地存在的问题及其主要解决对策，在今后的耕地管理和改良工作中，应该注意以下5个方面。

一、加强小型田间基础设施建设

通过几年的建设期，新建及维修排灌沟渠，降低地下水位，达到一日暴雨一日排出和一日暴雨二日排出的要求，冬季地下水位保持在80~100 cm、50~80 cm；改造机耕路和桥、涵等配套设施，满足中型以上农业机械通行标准。

二、增加土壤有机质

结合滨海平原区土壤有机质普遍缺乏的情况，大部分农田都需要投入有机肥料。按照有机质投入区每年投入至少1 000 kg/亩以上和有机质保持区每年有机肥料投入量在750 kg/亩以上的要求。通过分区域、分不同等级类型采取相应的施肥措施。具体为：

1. 大力推广农作物秸秆还田技术

水稻、小麦、油菜、鲜食大豆、玉米等农作物秸秆还田利用面积要求达到90%以上。要深入贯彻国家环境保护总局、农业农村部、财政部等六部委发布的《秸秆焚烧和综合利用管理办法》，全面停止秸秆露天焚烧；积极探索及示范推广适用于不同地区、不同作物、不同标准农田类型的各项秸秆还田技术；开展秸秆快速堆腐、秸秆分流覆盖经济作物和秸秆氨化作饲料等综合利用技术的示范与推广工作。

2. 增施有机肥

一方面要充分利用本区万头以上猪场的有利条件，猪粪经过堆沤发酵后直接还田；另一方面是要鼓励生产、使用优质有机肥和生物肥料，全面推广使用商品有机肥，改变农户偏施化肥、少施有机肥的习惯，增加有机养分投入比例。

三、推广测土配方施肥技术

大力开展测土配方施肥技术。由于不同农户、不同耕地土壤养分差异巨大，因此，按照以前的一刀切的施肥方式来指导生产已经不符合当前农业发展的需要。测土配方施肥就是根据作物需肥规律、土壤供肥性能与肥料效应，在有机肥为基础的条件下，提出氮、磷、钾及中、微量元素等肥料的施用品种、数量、施肥时期和施用方法。因此，在今后生产上，要结合滨海平原区耕地地力的实际情况，全面增施有机肥，适当控制磷肥，补施钾肥和微肥，达到氮、磷、钾用量合理，比例平衡，中、微量元素配套，努力消除土壤主要障碍因子。

要完善本区土壤化验室，配备专业人员，开展常规性土壤化验工作，为全区大面积推广测土配方施肥提供技术保障。大力实施测土配方施肥技术，全面推广应用专用配方肥。根据本次调查耕地土壤的检测结果，一方面要充分发挥本区肥料企业多的优势，及时联系专用肥厂家，聘请专家制订适用于滨海平原地区不同作物专用配方肥的方案，使生产的肥料适合该区的土壤和不同作物生长需要。另一方面，也可通过区农资公司肥料经营主渠道，引进外地大企业的配方肥，发挥大企业生产成本低的优势，降低销售成本，让利于农民。

四、因地制宜选择合理耕作制度

滨海平原区地势平坦，土壤呈盐碱性，母质为浅海及河湖沉积物，土层深厚，质地轻松，有机质、速效钾含量缺乏，部分地区土壤含盐量一般为1~2g/kg，个别地方在3g/kg以上。在耕作制度上，要适当调整种植结构，发展效益农业，种植麦、春大豆、萝卜、葱、辣椒、蔬菜、瓜类等作物，采用间作、套种、混栽、轮作等方式，增加复种指数，坚持多熟高产的良性循环；同时要实施水旱轮作，保持一定的水稻种植面积，既有利于粮食稳定高产，也有利于洗盐和积累养分，达到土壤改良和培肥的目的。

五、建立与完善耕地质量管理信息系统

对滨海平原地区不同土壤类型、不同耕作制度设立长期定位监测点和动态监测点，完善农田土壤监测网络体系。利用遥感（RS）、地理信息系统（GIS）和全球定位系统（GPS）等高新技术，建立本区农田土壤质量数据库，并形成基础图件，实行动态管理。建立和完善耕地信息数据库，根据检测分析结果，向农户提出培肥措施、利用方式及施肥建议。

第八章　耕地质量的改良与保育技术

前面章节分析表明，萧山区耕地土壤酸化明显，部分土壤有机质偏低，并存在盐渍化和养分不平衡等问题，因此，如何治酸、提升和维持土壤有机质、降低土壤盐分及科学施肥是本区耕地质量管理的重要内容。

第一节　土壤有机质的维持与提升技术

影响土壤有机质积累的因素众多，提升土壤有机质的过程较为复杂。因此，了解土壤有机质提升过程中的关键问题，对做好耕地土壤有机质提升工作有重要指导意义。

一、影响耕地土壤有机质提升的因素

土壤有机质的积累除与当地气候有关外，农业管理也是影响土壤有机质转化循环的另一个重要因素，它可以改变土壤有机质的循环过程和强度，最终影响有机质的平衡水平。对于特定地区，气候条件相对稳定，农业措施是影响土壤有机质积累的主要因素。常见的农业措施主要有施肥、利用方式、耕作制度等。

1.施肥

施肥是对耕地质量影响最广泛的农业措施，农业上施用的肥料包括化肥和有机肥等。施肥对土壤有机质的影响大致与以下3个方面有关：一是施肥促进了农作物的生长，增加了生物产量，从而增加了以根系及地上部分还田方式进入土壤的有机物质量；二是施肥改变了土壤养分状况，特别是氮肥改变了土壤的氮碳比，直接影响微生物对土壤有机质的矿化与同化；三是有机肥的施用直接影响了有机物质的输入量。

我国的长期定位试验表明，施用有机肥和化肥对土壤有机质的影响因土

壤类型、肥料种类和作物轮方式等而异。一般来说，单施有机肥、氮磷钾化肥配施或有机－无机肥料配合施用均可增加土壤有机质含量，在低有机质土壤上的增加效果尤为明显；同时施氮磷肥或氮钾肥，土壤有机质也略有增加；单施氮肥、磷肥、钾肥或磷钾配肥，有时会导致土壤有机质的下降，但下降幅度小于无肥区。不施肥料可导致土壤有机质迅速下降，但下降速度经过一段时间后减慢，并趋于平衡。有机肥料种类不同时对土壤有机质积累的影响也不相同，一般是秸秆的效果大于厩肥，厩肥的效果又大于堆肥，绿肥的效果较差。无机化肥提高土壤有机质的原因，主要是化肥使作物繁茂，根茬、枝叶等残留量增多。长期施肥改变土壤有机质含量的同时，也使有机质在剖面中的分布发生变化，影响深达100 cm，但60 cm以上土层变化明显。长期施用有机肥料或氮磷钾肥配合施用，不但增加土壤有机质的数量，同时还能改善和提高土壤有机质的质量，提高腐殖质含量，但有机肥对土壤腐殖质的积累作用大于氮磷钾化肥。

2. 耕作

耕作是在农业生产中为了达到持续高产所采取的技术措施。其对土壤的作用包括以下几个方面。

松土：调节土壤三相比的关系。

翻土：掩埋肥料，调整耕层养分垂直分布，消灭杂草和病虫害。

混土：使土肥相融，形成均匀一致的营养环境。

平地：形成平整表层，便于播种、出苗和灌溉。

压土：有保墒和引墒的双重作用。

常见的耕作法主要有。

平翻耕法：是我国典型的精耕细作模式，包括基本耕作（深度20～25 cm）、表土耕作（耙地、糖地、压地）及中耕（在作物的生育期间进行的一种表土耕作措施，其作用在于消灭杂草，疏松土壤，促进作物根系生长）。

少耕法与免耕法：由20世纪20—30年代兴起与发展而来，60—70年代引起人们的普遍重视，目前已在许多国家进行试验或推广。其中，少耕法为尽量减少土壤耕作作业的次数，一次完成多种作业，以减轻风蚀和水蚀。免耕法除将种子放入土壤中的措施外，不再进行任何耕作。

一般来说，频繁地耕作可促进土壤有机质的矿化，而免耕则有利于土壤有机质的积累。免耕土壤的有机质垂直方向上差异明显，而经常耕作的土壤，有机质在耕作层上分布较为均匀。耕作改变土壤有机质主要与以下几个方面有关：一是耕作改变了土壤团聚体的结构，改变了土壤的温度状况，影响了土壤有机质的物理稳定性，从而改变了土壤有机质的矿化速率；二是耕作改变了土壤侵蚀的潜力，影响了土壤有机物质的损失。此外，由于土壤有机质有沿垂直方向下降的特点，土壤深耕可能会引起耕作层内土壤有机质含量的下降。另外，在土地平整时，如果没有采取必要的措施保护耕作层，可能会导致土壤耕作层有机质急剧下降。

3. 土地利用

土地利用是指在一定社会生产方式下，人们为了一定的目的，依据土地自然属性及其规律，对土地进行的使用、保护和改造活动，是人们对土地经营方式的一种选择。土地利用方式可影响土壤的功能和性质，能增加或降低土壤碳的数量，并改变微生物多样性，使土壤成为碳的源或汇，从而影响着大气中CO_2的浓度。不同的土地利用方式对施肥、耕作、水分管理等有不同的要求，因此，土地利用方式的变化可对土壤养分平衡、有机质的输入与输出、土壤温度、土壤水分条件产生极大的影响。

从国内外众多的土地利用方式对土壤碳库的影响研究中大致可以获得以下结论：与自然林地比较，农业用地的土壤有机质含量明显低于林地；双季稻与水旱轮作农田土壤有机质含量明显高于相应的旱地，浙江省第二次土壤普查的调查表明，水田土壤有机质含量比相应的旱地高30%~100%。

由于不同土地利用方式之间的土壤有机质存在不同的有机质平衡过程，因此当土地利用方式发生改变时，土壤有机质可在短时间内发生明显的变化。一般是在土地利用方式发生转变初期（5~7年内）土壤有机质变化最为明显；15~20年后，土壤有机质变化趋于平缓，并可能在20~50年内达到一个新的平衡水平。例如，水田改旱种植蔬菜等可引起土壤有机质的下降，其中大棚蔬菜地因温度较高，其有机质下降更为明显。

4. 时间

土壤有机质的提升是一个长期、缓进的过程，因此，在进行区域耕地土壤有机质提升时必须有一个长远计划。在设定年度有机质提升计划时，提升目标不宜过高，确定一个合适、可行的年度有机质提升量非常重要。另外，土壤有机质的提升并不是一劳永逸的，在完成某一有机质提升工程项目后，还需要继续做好土壤有机质的维持工作，否则，提升后的耕地土壤有机质会再次下降。

二、有机质提升途径

1. 种植绿肥

有针对性地发展种植冬季绿肥、夏季绿肥，稳定和提高绿肥种植面积。冬季绿肥主要以紫云英为主，适当兼顾黑麦草、蚕（豌）豆、大荚箭舌豌豆等菜肥兼用、饲肥兼用、粮肥兼用的经济绿肥。扩大种植如印尼绿豆、赤豆等夏绿肥，逐步建立粮－肥（经、饲）种植模式，或果园套种模式。

2. 农作物秸秆还田

秸秆还田是当今世界普遍采用的一项培肥地力的增产措施，同时也是重要的固碳措施。随着经济的发展和城乡居民生活水平的提高，曾经是燃料的农作物秸秆成了多余之物，有些农民由于怕麻烦，不愿将它还田，直接在田里焚烧，既浪费资源又影响环境。农作物秸秆含有作物生长所必需的全部16种元素，作物秸秆还是土壤微生物重要的能量物质，所以大力推广秸秆还田技术，不仅能增加土壤养分还能促进了土壤微生物活动，改善土壤理化性状，推广农作物秸秆还田是增加土壤有机质含量，提高土壤地力的有效措施。

农田土壤有机碳变化取决于土壤有机碳的输入和输出的相对关系，即有机物质的分解矿化损失和腐殖化、团聚作用累积的动态平衡与土壤物质迁移积淀平衡的统一。秸秆进入土壤后，在适宜条件下向矿化和腐殖化两个方向进行。矿化，就是秸秆在土壤微生物的作用下，由复杂成分变成简单化合物，同时释放出CO_2、CH_4、N_2O和能量的过程；腐殖化，是秸秆分解中间产物或者被微生物利用的形成代谢产物及合成产物，继续在微生物的参与下重新组合形成腐殖质的过程。秸秆在微生物分解作用下，其中一部分彻底矿化，最终生成CO_2、H_2O、NH_3、H_2S等无机化合物。一部分转化为较简单的有机化合物（多元酚）和含氮化合物（氨基酸、肽等），提供了形成腐殖质的材料。少量残余碳化的部分，属于非腐殖物质，由芳香度高的物质构成，多以聚合态与黏粒相结合而存在，且相互转化。秸秆降解首先形成非结构物质，主要是较高比例的纤维素、木质素、脂肪、蜡质等难于降解的有机物，其中大部分转化为富里酸（FA），进而转化为胡敏酸（HA）。分解产物对土壤原有腐殖质进行更新，从腐殖质表面官能团或分子断片开始，逐步进行。非结构物质可与腐殖酸的单个分子产生交联作用，在一定条件下，交联的复合分子可进入腐殖质分子核心的结构中。就秸秆还田的效果来看，目前多数研究均倾向于秸秆还田能够提高土壤有机碳的含量，特别是秸秆和有机肥配合，效果更显著。

在实际应用时，宜重点推广晚稻草覆盖冬季绿肥、冬作蔬菜等秸秆综合还田技术。示范推广高留茬、机械粉碎、免耕整草还田和旋耕埋草等多种秸秆还田技术；推广秸秆整草覆盖果园；开展秸秆快速腐熟等新技术示范研究。实行农作物秸秆的半量、全量还田，建立适用于不同地区、不同作物、不同类型的秸秆还田综合利用模式。

3. 使用商品有机肥

当前生产上使用的商品有机肥主要有两种：一是利用规模畜禽养殖场的畜禽粪便，通过有机肥专业生产企业生产加工，包装成商品有机肥，通过政府补贴，重点在蔬菜、水果、粮油作物种植大户中推广施用，改良土壤效果较好。二是规模生产企业利用菜饼、豆粕、秸秆、生物菌剂等专业生产的商品有机肥，但这种商品有机肥使用的覆盖面都不广，施用面积较小。另外，规模畜禽养殖场的畜禽粪便进行发酵处理后即是一种很好的有机肥料。

4. 积造农家肥

进一步推进和完善新农村建设，为积造农家肥创造条件，同时进一步转变广大农民的观念，牢固树立更加科学的观念，为积造和推广使用农家肥营造良好的氛围。在畜禽养殖小区开展粪便初制发酵还田试点，既能增加农田有机肥投入，又能减轻畜禽养殖所带来的环境污染问题。同时鼓励群众施用猪栏肥、土杂肥。

从一些试验研究结果来看，有机质提升区域每年应投入有机肥料1 000 kg/亩以上；有机质保持区每年有机肥料投入量应在750 kg/亩以上。

三、耕地土壤有机质提升的综合技术

国内外的研究表明，退化土壤中有60%~70%已经损耗的碳可通过采取合理的农业管理方式和退化土壤弃耕恢复而重新固定。这些方法包括土壤弃耕恢复、免耕、合理选择作物轮作、冬季用作物秸秆覆盖、减少夏季耕作、利用生物固氮等。从以上讨论可知，影响土壤有机质的因素很多，因此，在制定土壤有机质提升方案时除做好有机物质的投入工作外，还应有其他配套措施，采取综合措施才能有效地达到提升土壤有机质的目的。

1. 因地制宜推行各种有机物质投入技术

各种有机物质的投入都可能增加土壤有机质的积累。因此，在保证环境安全的前提下，可因地制宜地选择当地各种有机物源开展土壤有机质的提升。相关技术包括秸秆还田技术、商品有机肥施用技术、绿肥种植技术等。

2.实施测土配方施肥技术

测土配方技术是国际上普遍采用的科学施肥技术之一，它是以土壤测试和肥料田间试验为基础，根据作物的需肥特性、土壤的供肥能力和肥料效应，在合理施用有机肥的基础上，确定氮、磷、钾以及其他中、微量元素的合理施肥量及施用方法，以满足作物均衡吸收各种营养，维持土壤肥力水平，减少养分流失对环境的污染，达到优质、高效、高产的目的。施用合适的氮、磷、钾配方的肥料，也可优化土壤养分，促进土壤中碳、氮的良性循环，也能达到维护或提高土壤有机质的目的。其中，做好化肥与有机肥的配合施用非常重要。

3.推广土壤改良技术

土壤有机质的积累除了与有足够的有机物质投入有关外，还需要有一个良好的土壤环境。土壤过酸、过碱、盐分过多、结构不良都会影响土壤中微生物的活动，从而影响土壤有机质的提升。因此，在开展耕地土壤有机质的提升时，也应同时做好土壤改良工作，消除土壤障碍因素，达到土壤有机质良性循环的目的。

4.合理轮作和用养结合

近年来，某些地区农作物复种指数越来越高，致使许多土壤有机质含量降低，肥力下降。实行轮作、间作制度，调整种植结构，做到用地与养地相结合，不仅可以保持和提高土壤有机质含量，而且还能改善农产品品质，对促进农业可持续发展具有重要的意义。此外，冬季增加地表覆盖度（或种植绿肥），推行少耕免耕、控制水土流失也可降低土壤有机质的降解、促进土壤有机质的提升。据国内外研究，在旱地上发展灌溉可大大增加土壤中有机质的积累。另外，在培肥地力时必须加强地力监测，长期、定位监测在不同施肥方式下耕地地力的变化态势，及时调整农田的施肥指导方案，从而实现对耕地质量的动态管理。同时，在进行土壤有机质提升时还需通过加强农田基础设施建设，增加田块耕层厚度，达到扩大土壤有机质容量的目的。

总之，在耕地地力提升时，应通过扩大绿肥种植和农作物秸秆还田面积，增加商品有机肥投入，实施测土施肥技术等多种途径，提升土壤有机质含量，提高土壤保肥供肥性能，最终达到为土壤"增肥"的目的。

第二节　耕地土壤酸化的预防与治理技术

采取积极、有效的措施从根本上防止耕地土壤酸化已经是萧山区耕地土壤管理刻不容缓的重要问题。本节在分析耕地土壤酸化危害及影响因素的基础上，从预防与修复两个层面探讨防控耕地土壤酸化的技术措施。

一、土壤酸化的危害

土壤酸化对生态系统的危害是多方面的，既有对土壤本身的影响，也有对作物及土壤周围环境的影响。包括以下4个方面。

1. 引起土壤退化

土壤酸化的直接后果是引起土壤质量的下降，主要表现为：一是影响土壤微生物活性，改变了土壤碳、氮、硫等养分的循环；二是减少对钙、镁、钾等养分离子的吸附量，降低土壤中盐基元素的含量；三是影响土壤结构性，降低土壤团聚体的稳定性，土壤宜耕性下降。

2. 加剧土壤污染

土壤酸度的提高可促进土壤中重金属元素的活性，增加积累在土壤中的重金属对作物和环境的危害。

3. 降低农产品质量

土壤酸化后，土壤中铝活性增加，矿质营养元素含量降低，有效态重金属浓度增加，对植物根系生长产生极大影响，增加了病虫害的发生。重者导致植物铁、锰、铝中毒死亡，轻者影响农产品品质。

4. 影响地表水质量

土壤酸化后可导致土壤中铝活性的增加，增加铝溶出损失，导致周围地表水体的酸化，影响生态系统的功能。

二、减缓耕地土壤酸化的途径

对于具有潜在酸化趋势的土壤，通过合理的土壤管理可以减缓土壤的酸化进程。

1. 科学施肥与水分管理

铵态氮肥的施用是加速土壤酸化的重要原因，这是因为施入土壤中的铵离子通过硝化反应释放出氢离子。但不同品种的铵态氮肥对土壤酸化的影响程度不同，对土壤酸化作用最强的是$(NH_4)_2SO_4$和$(NH_4)H_2PO_4$，其次是$(NH_4)_2H_2PO_4$，作用较弱的是硝酸铵。因此，对外源酸缓冲能力弱的土壤，应尽量选用对土壤酸化作用弱的铵态氮肥品种。随水淋失是加剧土壤酸化的重要原因。因此，通过合理的水分管理，控制灌溉强度，以尽量减少NO_3^-的淋失，在一定程度上可减缓土壤酸化。

2. 秸秆还田和施用有机肥

作物的秸秆还田不但能改善土壤环境，而且还能减少碱性物质的流失，对减缓土壤酸化是有益的。植物在生长过程中，其体内会积累有机阴离子（碱）。当植物产品从土壤中被移走时，这些碱性物质也随之移走。在酸性土壤中多施优质有机肥或生物有机肥，可在一定程度上改良土壤的理化性质，提高土壤生产力，还能减缓土壤酸化。但需要注意的是，大量施用未发酵好的有机肥反而可能会导致土壤的酸化，因为后者在分解过程中也可产生有机酸。

3. 优化种植结构

农业系统中的豆科作物也会通过N和C循环来影响土壤酸度。豆科作物通过生物固氮增加土壤有机氮的水平。土壤中有机氮的矿化和硝化及淋溶将导致土壤酸化。有研究表明，小麦–羽扇豆和小麦–蚕豆两种轮作措施与小麦–小麦轮作相比，土壤的酸化速度较高。豆科植物生长过程中，其根系会从土壤中吸收大量无机阳离子，导致对阴阳离子吸收的不平衡，为保持体内的电荷平衡，它会通过根系向土壤中释放质子，加速土壤酸化。豆科植物的固氮作用增加了土壤的有机氮水平，有机氮的矿化及随后的硝化也是加速土壤酸化的原因。因此，对酸缓冲能力弱、具有潜在酸化趋势的土壤，应尽量减少豆科植物的种植。把收获的豆科植物秸秆还田可在一定程度上抵消酸化的作用。

三、酸化耕地土壤的治理

土壤酸化已成为影响农业生产和生态环境的一个重要因素，酸性土壤的改良也成为土壤质量研究的热点。近半个世纪以来，国内外对酸化土壤的修复已进行了较多的研究，积累了改良经验和方法。

1. 酸化耕地土壤改良剂的种类

酸性土壤改良的效果与改良剂的性质和土壤本身的性质有关。目前，改良剂的选择已经从传统的碱性矿物质如石灰、石膏、磷矿粉等转变为选择廉价、易得的碱性工业副产品和有机物料等。

2.石灰适宜用量

石灰需要量是指为提升该土壤pH值至某一目标pH值时所需要施用的石灰量。许多因素影响石灰施用量。

(1)待种植作物适宜的土壤pH值。不同作物适宜生长的土壤酸碱度不同。

(2)土壤质地、有机质含量和pH值。

(3)石灰施用时间和次数。石灰一般要在作物播种或种植前施用,有条件的农田应在播前3~6个月施石灰,这对强酸土壤尤为重要。石灰施用的次数取决于土壤质地、作物收获时间以及石灰用量等。砂质土壤最好少量多次地施;而黏质土壤宜多量少次。

(4)石灰物质的种类。

(5)耕作深度。目前,推荐石灰量主要针对15cm耕层土壤,耕深加到25cm时,推荐的石灰量至少要增加50%。

确定土壤石灰需要量的方法很多,大致可归纳为直接测定法和经验估算法。

直接测定法:主要是利用土壤化学分析方法测定土壤中需要中和的酸的容量(交换性量),然后利用土壤交换酸数据折算为一定面积农田的石灰施用量。也可通过室内模拟试验建立石灰用量与改良后土壤pH值的关系,再根据目标土壤pH值估算石灰需要量。

经验估算法:经验估算法是根据文献资料估算石灰需要量。一般而言,有机质含量及黏粒含量越高的土壤,表示其阳离子交换能量越大,因此石灰需要量亦越大,且提升土壤pH值至目标pH值所需的时间也越长(表8-1)。

各种改良剂中和酸的能力有较大的差异。一般来说,石灰改良剂的中和能力较强,有机物料的中和能力较弱,对于强酸性土壤的改良应以石灰改良剂为主,而对于酸度较弱的土壤可选择有机物料进行改良。石灰物质的改良效果与其中和值、细度、反应能力和含水量等有关。

表8-1 改良20cm土层厚度石灰需要量的估算参数 单位:t/hm^2

pH值	砂土及壤质砂土	砂质壤土	壤土	粉质壤土	黏土	有机土
4.5增至5.5	0.5~1	1~1.5	1.5~2.5	2.5~3	3~4	5~10
5.5增至6.5	0.75~1.25	1.25~2	2~3	3~4	4~5	5~10

石灰需要量一般多以20cm土层厚度为目标,若要改良更深的土层,则必须乘上一个比例因子。假如以表土20cm为调整的深度,其石灰需要量为

A t/hm^2，则调整目标为80cm时，其石灰需要量应为：A×80/20＝4A（t/hm^2）。

3. 石灰施用时间间隔和施用方法

（1）石灰施用时间间隔。施用不同用量的石灰物料其改良酸性土壤的后效长短不同。石灰物料施用量低于750kg/hm^{2}的时间间隔为1.5年；石灰物料施用量750～1500kg/hm^{2}的时间间隔为2.0年；石灰物料施用量1500～3000kg/hm^{2}的时间间隔为2.5年。

（2）石灰施用方法。由于石灰物质的溶解度不大，在土壤中的移动速度较小，所以应借助耕犁之类农具将石灰与土壤均匀的混合，以发挥其最大的效果。石灰物质可在作物收获后与下次栽种前的任何时间施用，但需注意的是，因土壤具有对酸碱度缓冲能力，石灰施用后土壤pH值并不是立即调升至所期盼的目标pH值，而是逐渐地上升，有时可能需要超过一年的时间才能达成目标。若栽种多年生作物，则石灰与土壤的混合必须在播种前完成，同时尽可能远离播种期，以让石灰有充分时间发挥其效应。一般石灰物料在土壤剖面中之垂直移动距离极短，所以使土壤和石灰物料充分混合十分重要。

四、酸化耕地土壤的综合管理

大量的试验与生产实践表明，对酸化耕地土壤的治理应采取综合措施，在应用石灰改良剂降低土壤酸度的同时，增施有机肥和生物肥，提高土壤有机质，改善土壤结构，增加土壤缓冲能力。目前，国内外研究多集中于投加单一化学品（如石灰或白云石），传统的酸性土壤改良的方法是施用石灰或石灰石粉，需要加强综合改良技术的研究。在施肥管理环节，应从秸秆还田，增施有机肥，改良土壤结构，来提高土壤缓冲能力；通过改进施肥结构，防止因营养元素平衡失调等增加土壤的酸化。其次，开展土壤障碍因子诊断和矫治技术研究，通过生物修复、化学修复、物理修复等技术，筛选环境友好型土壤改良剂，推行土壤酸化的综合防控。开发新型高效、廉价和绿色环保的酸性土壤改良剂是今后的一个重要研究方向。

第三节　土壤盐渍化治理技术

一、滨海盐土的降盐技术

萧山区沿海土壤盐分含量高，一般作物不能正常生长。主要改良措施：

开沟挖渠，修堤建闸，平整土地，种植田菁、咸草等耐盐作物，使土壤脱盐淡化。改良上应继续加快洗盐的措施，套种冬夏绿肥，增施有机肥，改善土壤结构。其他配套措施包括：耕作施肥、覆盖技术、水利措施、化学措施。新围盐土在改良初期，重点应放在改善土壤的水分状况上。一般分几步进行，首先排盐、洗盐，降低土壤盐分含量；再种植耐盐碱的植物，培肥土壤；最后种植作物。具体的改良措施如下。

排水：许多盐碱土地下水位高，可采用修建明渠、竖井、暗管等进行排水，降低地下水位。

灌溉洗盐：盐分一般都累积在表层土壤，通过灌溉将盐分淋洗到底层土壤，再从排水沟排出。

种植水稻：水源充足的地区，可采用先泡田洗盐，再种植水稻，并适时换水，淋洗盐分。在水源不足的地区，可通过水旱轮作，降低土壤的盐分含量。

培肥改良：土壤含盐量降低到一定程度时，应种植耐盐植物，如甜菜、向日葵、蓖麻、高粱、苜蓿、棉花等，培肥地力。

平整土地：地面不平是形成盐斑的重要原因，平整土地有利于消灭盐碱斑，还有利于提高灌溉的质量，提高洗盐的效果。

化学改良：一般通过施用氯化钙、石膏和石灰石等含钙的物质，以代换胶体上吸附的钠离子，使土壤颗粒团聚起来，改善土壤结构。也可施用硫黄、硫酸、硫酸亚铁、硫酸铝、石灰硫黄、腐殖酸、糠醛渣等酸性物质，中和土壤碱性。

二、设施蔬菜土壤盐渍化防治技术

近年来，萧山区设施蔬菜种植面积有逐年扩大的趋势。设施蔬菜产量高、效益好，但长期种植可引起土壤的盐渍化，影响作物的正常生长。可采取下列技术措施加以防治。

水旱轮作：水旱轮作或隔年水旱轮作在国内外早已被普遍采用，也是解决蔬菜土壤盐渍化最为简单、省工、高效的方法。通过瓜菜类、水稻（或水生蔬菜）轮作，通过长时间的淹水淋洗，可有效地减少土壤中可溶性盐分。

灌水、喷淋、揭膜洗盐：在种植制度许可的前提下，设施栽培可利用自然降雨淋浴与合理的灌溉技术，以水化盐，使地表积聚的盐分稀释下淋。为了防止洗盐后返盐现象的出现，还需结合施用有机肥和合理轮作等措施。

其他措施：土壤深翻、增施有机肥和应用土壤改良剂。深翻可增加土壤的透水性，增加盐分的淋失；施有机改良剂能改良土壤结构，改善土壤微生物的营养条件，从而抑制由盐渍等引起的病原菌的生长。滴灌、膜下滴灌和地膜覆盖，可减少土壤中盐分的积累。引用水肥一体化管理技术，可减免土壤盐分的积累。

第四节　土壤物理障碍因素改良技术

耕地土壤中常见的土壤物理障碍主要是土壤质地不良、结构性差、紧实板结和耕作层浅薄等。土壤结构性差首先取决于土壤质地，其次与土壤有机质含量密切相关。有机质是土壤颗粒团聚的重要材料，有机质含量低的土壤，其团粒结构体很少，特别是黏重的土壤。盐土的结构性差主要是由于可溶性盐过多所引起的。不合理灌溉容易导致土壤次生盐渍化，土壤胶体分散，结构体破坏，物理性状变差。长期保护地栽培，由于缺少必要的淋洗，盐分在表层土壤累积，次生盐渍化也十分严重，土壤物理性状很差。长期耕作常常导致犁底层过度紧实，影响根系生长和水分运动。特别是大型机械耕作，非常容易压实土壤，导致土壤板结。不合理的施肥也会导致土壤结构恶化，特别是长期大量地施用单一的化学肥料，土壤物理性质常常很差，保护地的这种现象格外明显。单一的栽培种植制度也可能引起土壤物理性质恶化，主要原因包括有机物质输入减少，离子平衡破坏等，从而影响团粒结构体的形成。

一、土壤质地改良技术

耕地中因耕层过沙或过黏，土壤剖面夹砂或夹黏较为常见，改良十分困难，目前常采用的措施有以下几种。

掺沙掺黏，客土调剂：如果在砂土附近有黏土、河泥，可采用搬黏掺砂的办法；黏土附近有砂土、河砂可采取搬砂压淤的办法，逐年客土改良，使之达到较为理想的状态。

翻淤压砂或翻砂压淤：如果夹砂层或夹黏层不是很深，可以采用深翻或"大揭盖"的方法，将砂土层或黏土层翻至表层，经耕、耙使上下土层砂黏掺混，改变其土壤质地。同时应注意培肥，保持和提高养分水平。

增施有机肥：有机肥施入土壤中形成腐殖质，可增加砂土的黏结性和团聚性，但降低黏土的黏结性，促进土壤团粒结构体的形成。大量施有机肥，不仅能增加土壤中的养分，而且能改善土壤的物理结构，增强其保水、保肥能力。

轮作绿肥，培肥土壤：通过种植绿肥植物，特别是豆科绿肥，既可增加土壤的有机质和养分含量，还能促进土壤团粒结构的形成，改善土壤通透性。在新开垦耕地土壤首先种植豆科作物，是土壤培肥的重要措施。

二、土壤结构改良技术

良好的土壤结构一般具备以下3个方面的性质：一是土壤结构体大小合适；二是具有多级孔隙，大孔隙可通气透水，小孔隙保水保肥；三是具有一定水稳定性、机械稳定性和生物学稳定性。土壤结构改良实际上是改造土壤结构体，促进团粒结构体的形成。常采用的改良技术措施有以下几种。

精耕细作：精耕细作可使表层土壤松散，虽然形成的团粒是非水稳定性的，但也会起到调节土壤孔隙的作用。

合理地轮作倒茬：一般来讲，禾本科牧草或豆科绿肥作物，根系发达，输入土壤的有机物质比较多，不仅能促进土壤团粒的形成，而且可以改善土体的通透性。种植绿肥、粮食作物与绿肥轮作、水旱轮作等都有利于土壤团粒结构的形成。

增施有机肥料：秸秆还田、长期施用有机肥料，可促进水稳定性团聚体的形成，并且团粒的团聚程度较高，大小孔隙分布合理，土壤肥力得以保持和提高。

合理灌溉，适时耕耘：大水漫灌容易破坏土壤结构，使土壤板结，灌后要适时中耕松土，防止板结。适时耕耘，充分利用干湿交替与冻融交替的作用，不仅可以提高耕作质量，还有利于形成大量水不稳定性的团粒，调节土壤结构。

施用石灰及石膏：酸性土壤施用石灰，碱性土壤施用石膏，不仅能降低土壤的酸碱度，而且还有利于土壤团聚体的形成。

施用土壤结构改良剂：土壤结构改良剂是根据团粒结构形成的原理，利用植物残体、泥炭、褐煤等为原料，从中提取腐殖酸、纤维素、木质素等物质，作为土壤团聚体的胶结物质，称为天然土壤结构改良剂，主要有纤维素类（纤维素糊、甲基纤维素、羧基纤维素等）、木质素（木质素磺酸、木质素亚硫酸铵、木质素亚硫酸钙）和腐殖酸类（胡敏酸钠钾盐）。

也有模拟天然物质的分子结构和性质，人工合成的高分子胶结材料，称为人工合成土壤结构改良剂，主要有乙酸乙烯酯和顺丁烯二酸共聚物的钙盐、聚丙烯腈钠盐、聚乙烯醇和聚丙烯酰胺。

三、增加客土和深耕技术

耕层是作物生长的第一环境，是植物生长所需养分、水分的仓库，是支撑作物的主要力量。耕层厚度是衡量土壤地力的极重要指标之一。萧山区耕地耕作层厚度较薄，与高产粮田所要求的20cm以上有较大的差距。增厚耕层厚度的主要途径有增加客土和深耕。

1. 增加客土

增加客土有两种方法：一是异地客土法，即将其他地方不用的优质耕层土壤移到土层瘠薄的田块，以便重新利用。近年来，本区有一定数量的优质耕地被征用，大量的优质土壤也随之被埋入地下，这是一种极大的浪费，因此，要尽量利用被用于非农建设的优质表土资源。二是淤泥法，即抽取河道的淤泥用作耕层土壤，这种方法不仅增加了耕层厚度，而且疏通了河道，提高了排灌能力，还增加了土壤的有机质和养分含量，一举多得。

2. 深耕

这一方法对有些土层较厚、耕作层相对较浅薄的土壤适用，即通过深耕、深翻等措施增加耕层厚度，同时配合应用增施有机肥、推广秸秆还田和扩种冬绿肥等技术，使耕层质量不下降。

深耕应掌握在适宜为度，应随土壤特性、微生物活动规律、作物根系分布规律及养分状况来确定，一般以打破部分犁底层为宜（水田不应打破全部犁底层），厚度一般在25~30cm。深耕深松是重负荷作业，一般都用大中型拖拉机配套相关的农机具进行。机具必须合理配套，正确安装，正式作业前必须进行试运转和试作业。建议深耕的同时应配合施用有机肥，以利培肥地力。深耕深松要在土壤的适耕期内进行。深耕的周期一般是每隔2~3年深耕一次。深耕深松的同时，应配施有机肥。由于土层加厚，土壤养分缺乏，配施有机肥后，可促进土壤微生物活动，加速土壤肥力的恢复。前作是麦类作物或早稻的，收获时可用撩穗收割机将秸秆粉碎机耕还田。前作是绿肥的可使用秸秆还田机将绿肥打碎机耕还田。

第九章 耕地改良利用试验案例

第一节 小麦、水稻秸秆还田效果试验

秸秆作为农业生产中的副产品，富含丰富的氮、磷、钾等植物生长所需养分。合理地利用秸秆不仅可避免对环境造成污染，还能有效改善土壤质量、减少化肥使用、增加作物产量。秸秆还田技术已成为一种当今世界普遍认同的改善生态环境、促进农业可持续发展的重要措施。尽管秸秆还田技术已有大量研究，但秸秆综合利用技术的集成和示范推广尚待提高。本节在麦–稻两熟制种植模式下，探讨秸秆不同粉碎方式、不同还田量对土壤有效养分状况、作物生长发育和产量的影响，为进一步做好秸秆还田提供科学依据和技术支撑。

一、材料与方法

1. 试验地概况

试验位于萧山区南片水稻种植区，设置3个试验区。其中，浦阳镇杭州宝树粮油专业合作社、浦阳镇新河口村大户颜利仁、义桥镇杭州丰收粮油专业合作社各设1个试验区。试验区种植制度为麦–稻二熟制。秸秆还田前，各试验区土壤样品基础数据如表9–1所示。

表9–1 试验区土壤理化性质

试验区	有机质（g/kg）	全氮（g/kg）	有效磷（mg/kg）	速效钾（mg/kg）	pH值
A	40.0	2.23	17.3	56	5.17
B	54.2	1.83	2.1	95	5.65
C	55.5	3.09	12.7	101	5.71

注：萧山区义桥镇丁家庄村杭州丰收粮油专业合作社丁海洋大户中试验区为A，萧山区浦阳镇新河口村颜利仁大户处试验区为B，萧山区浦阳镇谢家村杭州宝树粮油专业合作社谢建东大户处试验区为C，下同。

2．处理设计

试验设置4个处理，小区面积为1亩。处理1：小麦秸秆粉碎8~10cm，全量深翻还田，后作水稻。水稻成熟后，秸秆粉碎8~10cm，秸秆全量深翻还田，后作小麦。处理2：小麦秸秆留茬15cm左右，秸秆留高茬全量还田，后作水稻。水稻成熟后，秸秆留茬15cm左右，秸秆留高茬全量还田，后作小麦。处理3：小麦秸秆留茬15cm左右，秸秆半量深翻还田，后作水稻。水稻成熟后，秸秆留茬15cm左右，一半秸秆拿出田外，秸秆半量深翻还田，后作小麦。处理4为对照处理，小麦、水稻整草收割后，均不还田。各试验区均用久保田收割机收割后处理秸秆。同一试验区肥料施用情况相同，其他病虫害防治等各项田间管理措施保持相同。

3．调查统计方法

对不同处理的水稻、小麦各生育期进行观察记载。收获前，各小区调查有效穗，取样20株考查株高、穗长及穗粒结构。收获后，对各处理耕层土壤分别采集样品进行有机质、全氮、有效磷、速效钾、pH值等主要理化性状化验分析。采集各处理植株籽粒样品，分析化验全氮、全磷、全钾。

二、结果与分析

1．土壤理化性质变化

如表9-2所示，麦草还田试验后，各试验区全氮含量均有不同程度的提高，B试验区和C试验区土壤全氮含量均为处理1>处理3>处理2，说明处理1的秸秆还田方式更有助于土壤全氮量的提高。A试验区和C试验区土壤有效磷含量均为处理3>处理1>处理2>处理4，B试验区土壤有效磷含量均为处理2>处理4>处理3>处理1。综合来看，处理3的秸秆还田方式最能提高土壤有效磷含量。从土壤速效钾含量来看，各试验区部分处理含量较试验前土壤下降，但A试验区和B试验区处理1含量均上升，C试验区处理1含量仅次于处理3，说明处理1秸秆还田方式有利于提高土壤速效钾含量。各试验区pH值均有下降，但对照处理下降幅度均为最大，说明秸秆还田有利于土壤pH值的稳定，对于土壤酸化有抑制作用。稻草还田试验后，A试验区和C试验区土壤有机质含量均为处理3>处理2>处理1，说明处理3秸秆还田方式更有助于土壤有机质的积累。各试验区土壤全氮含量均有不同程度下降，说明小麦生长对土壤氮需求更高。B试验区和C试验区处理1、处理2、处理3的土壤速效钾含量均有提高，且除B试验区处理3外均高于对照处理，说明秸秆还田有助于土壤速效钾的提高。A试验区和C试验区土壤pH值均有不同程度提高，且对照提高幅度最大，说明秸秆还田有利于土壤pH值的稳定。

表9-2　秸秆还田试验后土壤理化性质

取样时期	试验区	处理	有机质（g/kg）	全氮（g/kg）	有效磷（mg/kg）	速效钾（mg/kg）	pH值
麦草还田试验后	A	1	32.3	2.81	18.01	60	4.66
		2	40.3	3.23	13.77	38	4.70
		3	37.0	3.02	20.53	25	4.60
		4	42.6	3.27	11.83	28	4.56
	B	1	57.7	4.17	6.91	100	5.39
		2	53.7	3.40	9.06	66	5.48
		3	54.5	3.81	7.21	77	5.32
		4	54.2	3.81	8.43	82	5.20
	C	1	60.0	4.04	32.85	68	5.39
		2	56.1	3.84	18.69	59	5.36
		3	56.7	3.86	29.25	72	5.46
		4	63.1	3.14	12.00	58	5.36
稻草还田试验后	A	1	39.5	2.20	21.69	40	5.14
		2	40.6	2.00	15.88	29	5.05
		3	41.2	2.30	19.59	43	4.94
		4	42.9	2.20	13.41	49	5.05
	B	1	54.2	3.00	6.75	126	5.04
		2	55.9	2.80	3.70	90	5.09
		3	54.2	2.90	8.65	78	5.32
		4	51.9	2.90	9.89	81	5.05
	C	1	51.9	2.10	21.64	81	5.50
		2	54.7	2.90	14.88	79	5.43
		3	55.3	2.70	24.73	89	5.63
		4	58.1	2.50	8.84	65	5.67

2.作物养分含量

如表9-3所示，麦草还田试验后，各试验区处理2和处理3水稻籽粒全氮含量大致相等，且均高于处理1，说明处理1的秸秆还田方式不利于水稻籽粒氮含量积累。A试验区和B试验区水稻籽粒全钾含量和全磷含量均为处理2最高，C试验处理2的含量仅次于处理3，说明处理2的秸秆还田方式有利于提高水稻籽粒全钾含量和全磷含量。稻草还田试验后，从小麦籽粒全氮含量和全钾含量来看，B试验区和C试验区处理1和处理3的含量均高于处理2，说明处理1和处理3的秸秆还田方式更利于小麦籽粒对氮和钾的积累。

表9-3　试验后水稻、小麦籽粒样品化验结果

取样时期	试验区	处理	全氮（%）	全钾（%）	全磷（%）
麦草还田试验后	A	1	0.96	0.25	0.27
		2	1.00	0.28	0.30
		3	1.02	0.23	0.26
		4	1.03	0.25	0.27
	B	1	0.96	0.28	0.21
		2	1.02	0.28	0.24
		3	1.02	0.27	0.21
		4	1.04	0.27	0.22
	C	1	0.86	0.28	0.26
		2	0.87	0.28	0.27
		3	0.87	0.32	0.28
		4	0.83	0.28	0.27
稻草还田试验后	A	1	2.39	0.28	0.27
		2	2.47	0.28	0.28
		3	2.44	0.27	0.27
		4	2.39	0.42	0.28
	B	1	1.68	0.78	0.32
		2	1.63	0.30	0.29
		3	1.73	0.43	0.38
		4	1.72	0.50	0.34
	C	1	1.84	0.40	0.33
		2	1.67	0.30	0.34
		3	2.07	0.45	0.31
		4	1.98	0.43	0.33

3.作物经济性状和产量

如表9-4所示，麦草还田试验后，C试验区水稻平均株高和平均穗长均为对照处理表现最好。从有效穗数来看，各试验区秸秆还田处理均明显高于对照处理。从每穗实粒数和结实率来看，处理2均表现最佳。从水稻籽粒产量来看，对照处理均表现最差，A试验区和C试验区处理1和处理3产量大致

相等，且均高于处理2，说明处理1和处理3的秸秆还田方式更有利于水稻产量的增加。如表9-5所示，稻草还田试验后，秸秆还田处理的小麦平均株高除A试验区处理2和处理3外均高于对照处理，千粒重均较对照处理有所提高。从有效穗数看，处理3有效穗数均最高。综合上述分析，麦草还田有利于水稻有效穗数和产量的提高，稻草还田有利于小麦平均株高、千粒重和产量的提高，其中处理1的秸秆还田方式对作物产量提高效果最佳。

表9-4　各处理对水稻经济性状和产量的影响

试验区	处理	平均株高（cm）	平均穗长（cm）	有效穗数（万穗/hm²）	每穗实粒数	结实率（%）	千粒重（g）	籽粒产量（kg/hm²）
A	1	92.44	19.29	267	204.91	71.19%	21.47	8 851.9
	2	96.44	18.84	273	236.13	83.23%	21.87	8 100.0
	3	94.09	18.43	237	193.52	77.88%	21.27	8 836.3
	4	92.25	19.43	207	231.30	80.20%	21.47	7 745.1
B	1	101.63	20.83	286	321.23	78.83%	21.67	10 604.5
	2	95.82	21.48	246	351.13	80.60%	21.27	10 774.2
	3	94.73	20.04	299	314.50	73.73%	21.00	10 927.5
	4	97.16	19.80	191	305.32	80.43%	20.93	10 385.1
C	1	104.80	20.11	198	325.81	76.85%	23.47	11 255.8
	2	108.00	21.52	239	349.48	81.82%	23.93	10 775.8
	3	111.80	20.59	203	339.75	80.76%	24.13	11 316.4
	4	116.30	21.63	185	349.30	76.45%	24.40	10 407.0

表9-5　各处理对小麦经济性状和产量的影响

试验区	处理	平均株高（cm）	平均穗长（cm）	有效穗数（万穗/hm²）	每穗实粒数	千粒重（g）	籽粒产量（kg/hm²）
A	1	54.50	5.67	247	28.47	36.33	1 596.6
	2	51.86	5.95	256	28.66	35.67	1 755.4
	3	49.43	5.50	283	25.82	37.33	1 415.4
	4	54.97	5.56	265	28.78	34.53	1 509.1
B	1	69.59	9.92	265	48.53	40.53	4 780.9
	2	65.06	8.78	328	46.93	40.93	4 660.9
	3	65.84	8.78	330	46.19	40.73	4 331.7
	4	62.07	8.24	234	44.56	39.87	3 548.4

（续表）

试验区	处理	平均株高（cm）	平均穗长（cm）	有效穗数（万穗/hm²）	每穗实粒数	千粒重（g）	籽粒产量（kg/hm²）
C	1	57.66	7.36	445	34.72	39.33	2 569.9
	2	59.20	7.73	418	39.87	38.07	2 464.9
	3	59.26	7.27	459	38.47	38.73	2 546.8
	4	52.31	6.03	427	29.89	34.47	2 068.5

三、总结

研究表明，秸秆还田有利于土壤pH值的稳定、提高土壤全氮含量和速效钾含量。秸秆全量粉碎还田方式对土壤全氮含量和速效钾含量的提高效果最明显，而秸秆留高茬半量还田方式则在提高土壤有机质和有效磷含量方面表现最佳。研究还发现，对比3种秸秆还田方式，秸秆留高茬全量还田方式有利于提高水稻籽粒全钾含量和全磷含量，秸秆全量粉碎还田方式和秸秆留高茬半量还田方式更利于小麦籽粒对氮和钾的积累。因此，在实际生产过程中，为提高作物氮、磷、钾含量可以选择多种秸秆还田方式相结合的模式。有研究指出，不同秸秆还田量处理的水稻产量与秸秆不还田的处理相比，全量还田优于半量还田，而半量还田优于不还田，且相互之间差异达到显著水平。从作物经济性状和产量上来看，秸秆还田处理作物长势和产量相较于不还田对照处理表现更好，说明秸秆还田有助于水稻增产。其中，秸秆全量粉碎还田方式对作物产量的提高效果最佳。

第二节 新型缓释肥在作物上的应用效果试验

一、试验目的

为深化测土配方施肥，实现化肥减量增效，减少农业面源污染，根据浙江省关于化肥减量的要求，为更好推广应用新型缓释肥料，针对本区鲜食大豆和单季晚稻生产实际情况，于2017年和2019年分别开展了鲜食大豆和单季晚稻缓释肥的肥效比较试验，为优化水稻生态健康栽培模式提供依据。

二、试验设计

1.鲜食大豆应用新型缓释肥试验

试验设在杭州水良蔬菜专业合作社和杭州郑氏蔬菜专业合作社。试验设

3次重复，随机排列，每个小区面积为30m²（小区间要有明显的边界分隔）左右，畦宽0.8~0.9m，沟宽0.3m。除施肥外，各小区其他田间管理措施相同。杭州水良蔬菜专业合作社种植大豆品种为浙鲜豆9号，播种量为2.5kg/亩，4月6日播种，4月8日施基肥，4月24日移栽，5月3日第一次追肥，5月27日第二次追肥，7月4日收获。杭州郑氏蔬菜专业合作社种植大豆品种为开心早粒，播种量为3.25kg/亩，4月18日播种，4月11日施基肥，5月15日第一次追肥，6月10日第二次追肥，7月5日收获。杭州水良蔬菜专业合作社土壤pH值为7.43，全氮含量1.10mg/kg，速效钾含量40mg/kg，有效磷含量34.45mg/kg，有机质含量14.6mg/kg。杭州郑氏蔬菜专业合作社土壤pH值为5.13，全氮含量2.61mg/kg，速效钾含量180mg/kg，有效磷含量33.41mg/kg，有机质含量40.7mg/kg。

试验肥料：20%（8-4-8）"好乐耕"有机缓释肥；35%（15-6-12）（含氯）"顶峰"配方肥；42%（22-8-12）"沃夫特"缓释肥。对比3种肥料在本区不同种植区域鲜食大豆上的施用效果，并筛选出"好乐耕"有机缓释肥的适宜施肥量。试验设7个处理。处理1：20%（8-4-8）"好乐耕"缓释肥40kg/亩加尿素7.5kg/亩；处理2：20%（8-4-8）"好乐耕"缓释肥50kg/亩加尿素7.5kg/亩；处理3：20%（8-4-8）"好乐耕"缓释肥60kg/亩加尿素7.5kg/亩；处理4：33%（15-6-12）（含氯）"顶峰"配方肥40kg加尿素10kg/亩；处理5：42%（22-8-12）"沃夫特"缓释肥30kg/亩加尿素7.5kg/亩；处理6：碳铵30kg、过磷酸钙30kg、氯化钾7.5kg、尿素12.5kg；处理7：不施肥作为对照。小区面积30m²。施用方式："好乐耕"缓释肥等全部作基肥，翻耕后面施，尿素作苗肥和初花肥。试验具体肥料用量如表9-6、表9-7和表9-8所示。

表9-6　鲜食大豆新型缓释肥试验方案　　　　　单位：kg/亩

处理	基肥	苗肥 尿素	初花肥 尿素
1	"好乐耕"缓释肥40	7.5	0
2	"好乐耕"缓释肥50	7.5	0
3	"好乐耕"缓释肥60	7.5	0
4	"顶峰"配方肥40	7.5	2.5
5	"沃夫特"缓释肥30	7.5	0
6	碳铵30、过磷酸钙30、氯化钾7.5	7.5	5
7	不施肥对照	0	0

表9-7 鲜食大豆缓释肥试验养分用量 单位：kg/亩

处理	折合肥量			折纯总量
	N	P_2O_5	K_2O	
1	6.65	1.6	3.2	11.45
2	7.45	2.0	4.0	13.45
3	8.25	2.4	4.8	15.45
4	10.6	3.2	4.8	18.6
5	10.05	2.4	3.6	16.05
6	10.85	3.6	4.5	18.95
7	0	0	0	0

表9-8 鲜食大豆缓释肥试验小区实际用量 单位：kg/亩

处理	基肥	苗肥 尿素	初花肥 尿素
1	"好乐耕"缓释肥1.8	0.34	0
2	"好乐耕"缓释肥2.25	0.34	0
3	"好乐耕"缓释肥2.7	0.34	0
4	"顶峰"配方肥1.8	0.34	0.12
5	"沃夫特"缓释肥1.35	0.34	0
6	碳铵1.35、过磷酸钙1.35、氯化钾0.34	0.34	0.23
7	0	0	0

2. 晚稻新型缓释肥应用试验

试验肥料为25%（15-4-6）"好乐耕"有机缓释肥、33%（18-5-10）"好乐耕"有机缓释肥，由万里神农有限公司生产；42%（22-8-12）（含氯）"沃夫特"缓释肥，由金正大生态工程集团股份有限公司生产；"顶峰"水稻配方肥33%（15-6-12）（含氯），由杭州顶峰化肥有限公司生产。

本试验为小区试验，设2个点，分别设在瓜沥镇车路湾村杭州萧丰粮油专业合作社、戴村镇南三村杭州萧山戴村镇王云峰家庭农场。瓜沥点土壤pH值7.94，含有机质48g/kg、全氮2.33g/kg、有效磷19.83mg/kg、速效钾86mg/kg，戴村点土壤pH值5.68，含有机质38.7g/kg、全氮2.13g/kg、有效磷4.5mg/kg、速效钾216mg/kg。试验晚稻品种分别为嘉67和甬优7 850。试验设5个处理，3次重复。处理1—4（C1—C4）分别为一次性基施

25％(15-4-6)"好乐耕"49.3kg/亩、33％(18-5-10)"好乐耕"41.1kg/亩、42％（22-8-12）"沃夫特"33.6kg/亩、33％（15-6-12）"顶峰"配方肥49.3kg/亩，追肥统一为鲁西聚养肽尿素15kg/亩（瓜沥点），10kg/亩（戴村点）；处理5（CK）为不施肥对照。具体试验施肥方案见表9-9、表9-10。小区面积30m²。观察并记录作物主要生育期，收获前，各小区调查有效穗，取样20株考查株高、穗长及穗粒结构，分收实产。记载播种期、移栽、收获期和施肥、除草等培育管理情况。

表9-9 晚稻不同缓释肥处理试验方案（瓜沥点）

处理	底肥（kg/亩）	追肥（kg/亩）	N	P	K	总养分
C1	25％（15-4-6）"好乐耕" 49.3	尿素15	14.3	1.97	2.96	19.23
C2	33％（18-5-10）"好乐耕" 41.1	尿素15	14.3	2.06	4.11	20.47
C3	42％（22-8-12）"沃夫特" 33.6	尿素15	14.3	2.69	4.03	21.02
C4	33％（15-6-12）"顶峰" 49.3	尿素15	14.3	2.96	5.92	23.18
CK	—	—	0	0	0	0

注：尿素为鲁西聚养肽尿素。

表9-10 晚稻不同缓释肥处理试验方案（戴村点）

处理	底肥（kg/亩）	追肥（kg/亩）	N	P	K	总养分
C1	25％（15-4-6）"好乐耕" 49.3	尿素10	12	1.97	2.96	16.93
C2	33％（18-5-10）"好乐耕" 41.1	尿素10	12	2.06	4.11	18.17
C3	42％（22-8-12）"沃夫特" 33.6	尿素10	12	2.69	4.03	18.72
C4	33％（15-6-12）"顶峰" 49.3	尿素10	12	2.96	5.92	20.88
CK	—	—	0	0	0	0

注：尿素为鲁西聚养肽尿素。

三、试验结果

1. 鲜食大豆应用新型缓释肥试验

从单株性状看（表9-11），水良蔬菜专业合作社处理4株高最高，处理1、处理2、处理3株高依次增加，说明在一定范围内施用的"好乐耕"缓释肥越多越有助于大豆植株生长。另外，郑氏蔬菜专业合作社处理1的株高、底荚高及分枝数均为最高，可见处理1的植株长势较好。

表9-11　杭州水良蔬菜专业合作社各处理产量及性状

| 处理 | 平均每株 | | | | | | | | 小区亩产量（kg） |
	株高（cm）	底荚高（cm）	分枝数	瘪粒数	一粒荚	二粒荚	三粒荚	豆荚重（g）	
1	63.26	13.32	4.02	1.43	2.82	9.04	2.78	36.34	637.97
2	66.88	13.76	3.95	1.70	2.72	8.99	2.63	38.04	715.82
3	67.69	13.16	3.98	1.77	2.76	10.82	3.29	41.03	725.86
4	70.63	13.11	3.58	0.76	1.88	10.41	2.83	36.15	734.97
5	69.08	13.29	4.19	1.71	2.43	12.18	3.06	45.65	793.04
6	69.58	13.71	3.47	1.30	2.50	9.19	3.22	36.38	684.71
7	56.31	12.87	2.99	0.36	1.33	7.25	2.44	25.16	582.52

　　从豆荚数分析，水良蔬菜专业合作社均以二粒荚占多数，处理5、处理3豆荚数和豆荚重较大，空白对照组处理7均少于施肥处理。郑氏蔬菜专业合作社处理1表现最好，二粒荚、三粒荚及豆荚重均最高，相反处理2、处理3的数据反映不理想，可能是肥料施用过多引起。

　　从产量分析水良蔬菜专业合作社处理1-3产量依次增加，但以处理5表现最好，为793.04kg/亩，其次为处理4（表9-11）。郑氏蔬菜专业合作社处理1产量最高，为818.89kg/亩，其次为处理2、处理7（表9-12）。

表9-12　杭州郑氏蔬菜专业合作社各处理产量及性状

| 小区 | 平均每株 | | | | | | | | 小区亩产量（kg） |
	株高（cm）	底荚高（cm）	分枝数	瘪粒数	一粒荚	二粒荚	三粒荚	豆荚重（g）	
1	68.23	13.48	3.70	0.82	2.32	12.92	10.05	56.57	818.89
2	54.74	9.85	3.16	0.94	2.57	9.00	6.46	36.67	814.82
3	47.32	9.02	2.63	1.93	2.87	10.57	6.57	40.29	651.11
4	59.65	11.52	2.87	1.53	3.83	10.53	7.50	45.02	665.19
5	63.50	12.73	2.67	1.70	2.70	10.43	8.37	46.90	729.26
6	58.12	10.98	3.07	1.10	3.33	12.30	7.73	47.83	695.56
7	67.35	12.72	2.53	0.53	2.50	8.63	8.00	44.07	745.93

　　经过试验分析，发现施用缓释肥的大豆产量明显高于常规施肥和不施肥处理，因此推广缓释肥在该地区的施用是可行的。另外，郑氏蔬菜专业合作社处理1，施用40kg/亩"好乐耕"缓释肥的大豆表现最佳，而不施肥对照区

域表现并非最差，说明该地区可能土壤较肥沃，需肥量少，过度施肥可能抑制了大豆的生长和产量。建议在该地区减少各缓释肥施用量后进一步试验，明确各缓释肥的施用量，因地制宜地推广缓释肥。

2．晚稻新型缓释肥应用试验

（1）对作物生物学性状的影响。根据考种情况，不同处理对作物生物学性状的影响。由表9–13可知，瓜沥点施肥处理的株高、有效穗数量远高于CK处理，其中C1处理株高最高，C4处理有效穗最多，但是在穗长、结实率和千粒重方面，CK处理反而表现最好。在施用控释肥的各处理中，C3处理株高、穗长、有效穗方面表现最差，C4处理在总粒数、结实率、千粒重方面表现最差。戴村试验点各处理中，CK处理在株高、有效穗方面表现最差，C3处理和C4处理的株高、穗长相对于其他处理较好，C1处理、C2处理、C3处理有效穗差异不大，且明显高于C4处理和CK处理。C3处理总粒数最多，C2处理结实率最高，C1处理的千粒重最重。

表9–13　不同处理对作物生物学性状的影响

试验点	处理	株高（cm）	穗长（cm）	有效穗（万穗/亩）	总粒数	结实率（%）	千粒重（g）
瓜沥点	C1	83.36	13.50	22.52	117	93.78	24.87
	C2	82.89	13.57	22.19	103	93.75	24.98
	C3	80.65	13.28	20.62	108	93.47	24.80
	C4	81.51	13.71	23.20	92	91.22	24.62
	CK	69.87	13.73	18.70	105	96.36	26.38
戴村点	C1	111.35	19.69	14.16	283	83.97	21.64
	C2	111.18	19.94	13.96	326	84.85	21.27
	C3	115.61	20.54	14.00	351	81.44	21.02
	C4	112.82	20.64	13.69	340	82.04	21.11
	CK	104.37	20.35	13.36	309	83.37	21.20

（2）对作物产量的影响。由表9–14可知，瓜沥点秸秆产量C1处理、C2处理明显高于其他处理，CK处理最低，施肥处理实际谷亩产与CK处理相比增产19%以上，产量高低依次为C3处理>C1处理>C2处理>C4处理>CK处理。戴村点实际谷亩产C1处理最高，比CK处理高出2.92%，其他施肥处理产量均低于CK处理。

表9-14　不同处理对作物产量的影响

试验点	处理	秸秆产量（kg）	实际谷亩产（kg）	谷亩产与对照相比增减产（%）
瓜沥点	C1	619.41	684.15	29.12
	C2	622.04	668.59	26.18
	C3	572.57	706.43	33.32
	C4	515.66	633.71	19.60
	CK	386.44	529.87	0.00
戴村点	C1	—	791.12	2.92
	C2	—	753.08	−2.03
	C3	—	745.62	−3.00
	C4	—	743.62	−3.26
	CK	—	768.70	0.00

（3）对经济效益的影响。由表9-15可知，瓜沥点施肥处理明显优于CK处理，其中C3处理效益最好，高于CK处理23.24%；其次为C1处理、C2处理、C4处理。戴村点CK处理效益最好，其次为C1处理、C3处理、C2处理、C4处理。

表9-15　不同处理对经济效益的影响

试验点	处理	亩肥料成本（元）	亩产值（元）	亩效益（元）	双对照增减（%）
瓜沥点	C1	170.055	1 819.85	1 649.79	17.05
	C2	165.18	1 778.46	1 613.28	14.46
	C3	142.11	1 879.10	1 736.99	23.24
	C4	147.87	1 685.66	1 537.79	9.11
	CK	0	1 409.44	1 409.44	0.00
戴村点	C1	160.205	2 104.37	1 944.17	−4.92
	C2	155.33	2 003.19	1 847.86	−9.63
	C3	132.26	1 983.35	1 851.09	−9.47
	C4	138.02	1 978.02	1 840.00	−10.01
	CK	0	2 044.75	2 044.75	0.00

注：25%（15-4-6）"好乐耕"有机缓释肥按2 850元/t，33%（18-5-10）"好乐耕"有机缓释肥按3 300元/t，42%（22-8-12）"沃夫特"缓释肥按3 350元/t，"顶峰"水稻配方肥33%（15-6-12）按2 400元/t，尿素按1 970元/t，晚稻收购价格按2.66元/kg。

试验发现施用缓释肥的处理晚稻的长势较好，植株高大，但是穗长没有明显差异，从有效穗、结实率和千粒重来看，各处理之间没有明显优势。比较各施肥处理的作物生物学性状，瓜沥点C1处理和C2处理表现较好，戴村点C3处理表现较好。从产量来看，瓜沥点C1处理、C2处理、C3处理秸秆和谷亩产较高，其中C3处理谷亩产最高，为706.43kg/亩。戴村点C1处理谷亩产最高，为791.12kg/亩。试验说明瓜沥点施用"好乐耕"控释肥对晚稻生物学性状有明显提升，施用"沃夫特"控释肥则更有助于晚稻产量和效益的增加。戴村点则说明施用"沃夫特"缓释肥晚稻生物学性状有明显提升，施用25%"好乐耕"缓释肥晚稻产量增加最大，不施肥则经济效益最好，说明戴村点土壤肥力较好，可以进行肥料减量试验。

第三节 晚稻施用硅肥的效果试验

一、研究目的

水稻是需硅量较多的作物，尤其是杂交水稻对硅的吸收量更大。随着现代化农业生产的不断发展，农田化肥用量越来越多，而农家肥用量越来越少，使土壤中氮、磷、钾与硅比例严重失衡，同时，作物收获从土壤中带出大量硅元素。但在水稻的优化配方施肥中，人们往往重视氮、磷、钾等大量元素肥料的配合，而忽略了硅肥的施用。研究表明，水稻缺硅容易导致茎秆细长软弱，容易倒伏且易感染病虫害。施用硅肥可促进水稻根系生长，增强根系活力，提高水稻对水分和养分的吸收，使水稻茎叶挺直，减少荫蔽，增强光合作用和组织的机械强度，抵御病虫入侵和增强抗倒伏能力。为掌握硅肥对晚稻生长及产量的影响，特开展此试验，初步确定硅肥在萧山区晚稻中的最佳施用量和施用时期，为指导水稻高产栽培和硅肥推广应用提供理论依据和技术支持。

二、材料与方法

1. 试验材料

试验用硅肥选用由美国威斯诺威公司出品、杭州威斯诺威科技有限公司生产的"戴乐威旺"液态硅肥（$SiO_2 \geqslant 350g/L$）。供试作物为单季晚稻，品种为'甬优538'。

2. 试验土壤

试验设置在萧山区戴村镇南三村杭州国富粮食专业合作社中进行，壤土，主要土壤养分含量为：pH值4.78，碱解氮224.343mg/kg，全氮1.62g/kg，速效钾132mg/kg，有效磷24.21mg/kg，有机质36g/kg，水溶性盐

0.87g/kg，阳离子交换量12.903cmol/kg，有效硅37.54mg/kg，有效锌26.358mg/kg，有效硼1.483mg/kg。

3.试验设置

试验设置液态硅肥用量筛选及施用时期筛选两方面内容。用量筛选试验设置每公顷施液态硅肥0、0.375L、0.75L、1.125L 4个处理（分别记为CK、Y1、Y2、Y3），于晚稻分蘖末期和孕穗初期各兑水喷施一次。施用时期筛选试验设置液态硅肥施用时期分别为全部于分蘖末期喷施、50%分蘖末期50%孕穗初期喷施、全部于孕穗初期喷施3个处理（分别记为S1、S2、S3），各小区液态硅肥总量0.75L/hm²，兑水喷施。各处理设置3次重复，采用随机区组设计，小区面积30m²。试验设置示范方1个，面积1 467m²，分别于分蘖末期及孕穗初期喷施液态硅肥0.75L，即采用S2处理方法喷施。试验于5月17日播种，6月2日移栽，11月11日收获测产，整个生育期为178d。

三、结果与分析

1.液态硅肥用量筛选试验

（1）不同硅肥用量对产量的影响。液态硅肥用量筛选试验小区试验结果表明（表9-16），晚稻喷施液态硅肥比空白对照处理均有明显增产效果，增产量达到649.8～1 006.35kg/hm²，增产6.37%～9.86%，产量随硅肥施用量的增加而增加，当硅肥用量达到一定值后增产效果明显降低。

表9-16　不同硅肥用量对晚稻产量、生长状况、经济性状的影响

处理	株高 (cm)	穗长 (cm)	亩有效穗 (万穗/hm²)	每穗总粒	每穗实粒	结实率 (%)	千粒重（g）	产量 (kg/hm²)	增产量 (kg/hm²)	增产率 (%)
CK	109.21	20.09	221.7	264	216	81.86	20.11	10 201.95	—	—
Y1	110.21	20.81	222.15	281	234	83.20	20.54	10 851.75	649.8	6.37
Y2	109.00	20.11	223.65	277	234	84.54	21.28	11 176.95	975	9.56
Y3	111.65	20.62	222.00	313	275	87.95	21.38	11 208.3	1 006.35	9.86

（2）不同硅肥用量对晚稻生长状况、经济性状的影响。不同硅肥用量对晚稻生长状况及经济性状的影响如表9-16所示。根据表9-16分析可知，各处理间株高、穗长、亩有效穗基本无明显差异，说明硅肥施用量对晚稻生长状况影响不大。每穗总粒及每穗实粒均表现为施用硅肥比不施硅肥有所增加，且施用量最大的处理增加量最明显，结实率随硅肥施用量的增加而增加，与CK处理对比分别增加1.34%、2.68%、6.09%。千粒重随硅肥施用量的增加

而增加，与CK处理对比分别增加2.14%、5.82%、6.32%。说明不同硅肥施用量对晚稻的经济性状呈现不同程度的影响，基本趋势为各性状随硅肥施用量的增加而增加。

2.液态硅肥施用时期筛选试验

（1）不同硅肥施用时期对产量的影响。液态硅肥施用时期筛选试验小区试验结果表明（表9-17），不同时期施用硅肥均有增产效果，比CK对照处理增产957.75~1 093.05 kg/hm²，增产率为9.39%~10.71%，其中S2处理增产效果最佳，说明在分蘖末期和孕穗初期分别喷施液态硅肥的方式最有利于晚稻增产。

表9-17 不同硅肥施用时期对晚稻产量、生长状况、经济性状的影响

处理	株高(cm)	穗长(cm)	亩有效穗(万穗/hm²)	每穗总粒	每穗实粒	结实率(%)	千粒重(g)	产量(kg/hm²)	增产量(kg/hm²)	增产率(%)
CK	109.21	20.09	221.70	264	216	81.86	20.11	10 201.95	—	—
S1	109.93	20.36	217.95	274	230	83.96	21.05	11 159.70	957.75	9.39
S2	110.56	20.50	219.15	292	244	83.41	21.34	11 295.00	1 093.05	10.71
S3	109.28	20.10	215.40	266	231	86.90	21.25	11 230.95	1 029.00	10.09

（2）不同硅肥施用时期对晚稻生长状况、经济性状的影响。不同硅肥施用时期对晚稻生长状况、经济性状的影响如表9-17所示。根据表9-17结果分析，各处理间株高、穗长、亩有效穗基本无差异，说明硅肥施用量对晚稻生长状况影响不大。每穗总粒及每穗实粒均表现为施用硅肥比不施硅肥有所增加，50%分蘖末期50%孕穗初期喷施液态硅肥处理增加量最大。结实率3个处理均高于CK对照，与CK处理对比分别增加2.1%、1.55%、5.04%，说明在孕穗初期喷施液态硅肥有利于结实率的提高。千粒重3个处理均高于CK对照，在分蘖末期和孕穗初期分别喷施液态硅肥的处理最高，分别比CK对照增加4.67%、6.12%、5.67%。

综合来看，不同硅肥施用时期对晚稻的经济性状呈现不同程度的影响，在分蘖末期和孕穗初期分别喷施液态硅肥的方式对提高每穗总粒、实粒、千粒重有较好的作用，在孕穗初期喷施液态硅肥对结实率的提高有积极效果。

3.示范方应用效果

根据实地验收测产，示范方晚稻产量为11 992.34 kg/hm²，比对照增产1 790.39 kg/hm²，增产率达到17.55%，且均高于各小区产量。由此可见，在实际生产中，于晚稻分蘖末期及孕穗初期分别喷施液态硅肥能显著提高晚

稻产量，实现增收增产的目的。

四、结论

试验结果表明，晚稻增施硅肥能明显提高产量，主要是由于晚稻增施硅肥后能明显提高结实率、千粒重等经济性状。硅肥于不同时期施用对晚稻有不同程度的影响，分蘖末期主要影响千粒重，孕穗初期主要影响结实率。在本试验条件下，晚稻产量随硅肥用量的增加而增加，但当硅肥达到一定量后增产效果明显降低，结合生产成本综合考虑，以施液态硅肥0.75L/hm²最为经济，施用方式以50%分蘖末期50%孕穗初期喷施液态硅肥为佳。

第四节 晚稻氮、磷、钾肥料利用率试验

一、试验目的

为摸清萧山区晚稻氮、磷、钾肥料利用状况，进一步完善测土配方施肥技术，提高科学施肥水平，进行了本项试验。

二、试验设计与方法

试验在党山镇车路湾村进行，试验地为淡涂泥土属，淡涂砂土种，土壤pH值7.29，土壤有机质26.07g/kg，土壤全氮1.68g/kg，土壤有效磷20.7mg/kg，土壤速效钾61.1mg/kg。试验设常规施肥和配方施肥2个区块，各区块设氮、磷、钾全量区，缺氮区、缺磷区和缺钾区4个处理，另设不施肥对照区1个，共9个处理，不设重复，试验小区面积30m²。各处理施肥量见表9-18。

表9-18 水稻肥料利用率试验处理设置　　　　　　　　单位：kg/亩

处理偏号	N	P₂O₅	K₂O
常规全量	20	3	3
常规缺氮	0	3	3
常规缺磷	20	0	3
常规缺钾	20	3	0
配方全量	18	2	6
配方缺氮	0	2	6
配方缺磷	18	0	6
配方缺钾	18	2	0
空白对照	0	0	0

常规施肥区：用21%碳酸氢铵做基肥；11.5%做苗肥，23%做蘖肥，32.7%做孕穗肥，11.5%做粒肥，均用尿素。用过磷酸钙和氯化钾全部做基肥。配方施肥区：氮肥23.6%做基肥，12.8%做苗肥，19.2%做蘖肥，12.8%做粒肥，磷肥全部做基肥，钾肥基肥和孕穗肥各50%。肥料种类与常规施肥区相同。

供试晚稻品种为'秀水134'，晚稻于6月9日播种，基肥、苗肥、蘖肥、穗肥和粒肥分别于6月9日、6月18日、7月4日、7月31日和8月15日施用，10月29日收获。试验期间各项培育管理措施同大田栽培。晚稻成熟前调查各小区有效穗，并取样考查单株经济性状，成熟时分小区实收产量，同时分小区取样水稻籽粒和茎秆，晒（烘）干后化验氮、磷、钾含量，计算养分吸收量，用差值法计算肥料利用率。

三、试验结果

1. 晚稻产量

晚稻产量无论是常规施肥区还是配方施肥区，均以全量施肥最高，缺磷区其次，缺钾区第三，缺氮区最低。缺磷缺钾区减产幅度较小，常规施肥区分别减产4.4%和4.6%，配方施肥区分别减产2.4%和5.6%。但空白对照区反而比缺氮区高，且多次试验都是如此，原因有待进一步研究。经济系数以空白对照区最高，全量施肥区和配方施肥缺钾区偏低，其他处理间差异不明显，详见表9-19。

表9-19 水稻肥料利用率试验产量

处理	籽粒亩产（kg）	茎秆亩产（kg）	生物产量（kg/亩）	经济系数
常规全量	684.45	703.15	1 387.60	0.49
常规缺氮	472.68	460.24	932.92	0.51
常规缺磷	654.57	663.71	1 318.28	0.50
常规缺钾	653.01	638.42	1 291.42	0.51
配方全量	694.16	737.56	1 431.72	0.48
配方缺氮	469.58	452.65	922.23	0.51
配方缺磷	677.19	656.33	1 333.52	0.51
配方缺钾	655.01	737.86	1 392.87	0.47
空白对照	496.57	407.20	903.77	0.55

2. 肥料利用率

（1）生物体养分含量。经对生物体化验结果（表9-20），缺养分处理其生物体中养分含量相应偏低，氮、磷、钾3种养分中缺氮尤为明显，籽粒和稻草两种不同生物体中稻草养分含量较低。但空白处理生物体中养分含量较高，有的甚至比全量处理高，其原因有待进一步研究分析。

表9-20　水稻肥料利用率试验生物体养分含量　　单位：g/kg

处理	籽粒			稻草		
	全氮	全磷	全钾	全氮	全磷	全钾
常规全量	12.004	4.03	3.6	6.959	2.62	16.7
常规缺氮	10.676	4.16	3.5	4.204	1.87	15.5
常规缺磷	12.143	3.92	3.5	7.081	2.04	16.1
常规缺钾	11.645	3.98	3.4	6.577	2.14	14.4
配方全量	12.033	4.42	3.5	6.837	2.63	20.6
配方缺氮	10.870	4.55	3.3	3.706	2.16	15.1
配方缺磷	11.617	3.94	3.5	6.118	1.73	17.5
配方缺钾	11.340	3.89	3.4	8.088	2.41	13.6
空白对照	11.230	4.57	3.8	5.067	2.00	17.3

（2）肥料利用率。分常规施肥和配方施肥两组，用差值法计算氮、磷、钾利用率。结果表明，氮利用率在30%~40%，配方施肥比常规施肥氮利用率高。磷钾因投入量较少，利用率会出现较大差异，影响结果分析见表9-21。

表9-21　水稻肥料利用率试验结果

项目	处理	籽粒吸肥（%）	茎秆吸肥（%）	合计（%）	施肥量（kg/亩）	利用率（%）
氮利用率	常规全量	8.22	4.89	13.11	20	30.65
	常规缺氮	5.05	1.93	6.98	0	
	配方全量	8.35	5.04	13.40	18	36.78
	配方缺氮	5.10	1.68	6.78	0	

（续表）

项目	处理	籽粒吸肥（%）	茎秆吸肥（%）	合计（%）	施肥量（kg/亩）	利用率（%）
磷利用率	常规全量	6.31	4.21	10.53	3	51.67
	常规缺磷	5.89	3.10	8.98	0	
	配方全量	7.03	4.45	11.47	2	137.50
	配方缺磷	6.12	2.60	8.72	0	
钾利用率	常规全量	2.93	14.10	17.03	3	110.67
	常规缺钾	2.67	11.04	13.71	0	
	配方全量	2.93	18.26	21.18	6	107.50
	配方缺钾	2.68	12.04	14.73	0	

主要参考文献

常勇，黄忠勤，周兴根，等，2018. 不同麦秸还田量对水稻生长发育、产量及品质的影响[J].江苏农业科学，46（20）：47-51.

陈印军，王晋臣，肖碧林，等，2011. 我国耕地质量变化态势分析[J].中国农业资源与区划，32（2）：1-5.

顾敏京，左文刚，严漪云，等，2017. 氮肥管理对秸秆全量还田双季水稻土壤固定态铵的影响[J].扬州大学学报（农业与生命科学版），38（2）：69-74.

黄耀，孙文娟，张稳，等，2010. 中国陆地生态系统土壤有机碳变化研究进展[J].中国科学：生命科学（7）：577-586.

蒋亨富，陈文伟，梁启智，等，1996. 钾硅肥对杂交晚稻的增产效果试验[J].浙江农业科学（6），276-277.

李继红，2012. 我国土壤酸化的成因与防控研究[J].农业灾害研究，2（6）：42-45.

李九玉，王宁，徐仁扣，2009. 工业副产品对红壤酸度改良研究[J].土壤，41（6）：932-939.

刘世梁，傅伯杰，刘国华，等，2006. 我国土壤质量及其评价研究的进展[J].土壤通报，37（1）：137-143.

刘占锋，傅伯杰，刘国华，等，2006. 土壤质量与土壤质量指标及其评价[J].生态学报，26（3）：901-913.

潘根兴，赵其国，2005. 我国农田土壤碳库演变研究：全球变化和国家粮食安全[J].地球科学进展（4）：384-393.

裴鹏刚，2014. 秸秆还田耦合施氮水平对稻田土壤生化特征及水稻生育特性的影响[D].北京：中国农业科学院.

全国农业技术推广服务中心，2008. 耕地质量演变趋势研究[M].北京：中国农业科技出版社.

许文燕，龙继锐，马国辉，等，2011. 液体硅钾肥对杂交晚稻抗倒伏性和物质生产的影响初探［J］. 中国农学通报，27（18）：24–28.

严明建，黄文章，吕直文，等，2006. 硅肥对水稻产量的影响［J］. 安徽农业科学，34（14）：3426–3427.

杨晓磊，施俭，王成科，2017. 连续3年秸秆还田对土壤性状和作物产量的影响［J］. 现代农业科技（24）：167–168.

张赓，胡富女，金育红，等，2012. 鄂东南双季稻区硅肥在早稻上的施用效果研究［J］. 湖北农业科学，51（22）：5005–5007.

赵志白，2008. 硅肥对浙南山区晚稻的增产效果［J］. 中国土壤与肥料（1）：35–36.

全国农业技术推广服务中心，2006. 土壤分析技术规范［M］. 北京：中国农业出版社.

全国农业技术推广服务中心，2007. 土壤肥料检测指南［M］. 北京：中国农业出版社.

左文刚，黄顾林，陈亚斯，等，2017. 氮肥运筹对秸秆全量还田双季稻氮产量及氮素吸收利用的影响［J］. 扬州大学学报（农业与生命科学版），38（2）：75–81.